河南省土地整治工程施工监理规程

黄河水利出版社
·郑州·

图书在版编目(CIP)数据

河南省土地整治工程施工监理规程/河南省土地整理中心主编. —郑州:黄河水利出版社,2014.8 (2015.8修订重印)

ISBN 978-7-5509-0779-9

Ⅰ.①河… Ⅱ.①河… Ⅲ.①土地整理-工程施工-施工监理-技术操作规程-河南省 Ⅳ.①F321.1-65

中国版本图书馆 CIP 数据核字(2014)第079433号

出 版 社:黄河水利出版社

地址:河南省郑州市顺河路黄委会综合楼14层　　邮政编码:450003

发行单位:黄河水利出版社

发行部电话:0371-66026940、66020550、66028024、66022620(传真)

E-mail:hhslcbs@126.com

承印单位:郑州中方印刷有限公司

开本:880 mm×1 230 mm 1/16

印张:10

字数:231千字　　印数:2 001—12 000

版次:2014年8月第1版　　印次:2015年8月第2次印刷

定价:70.00元

河南省国土资源厅文件

豫国土资发〔2014〕81号

河南省国土资源厅
关于印发河南省土地整治工程施工
监理规程的通知

各省辖市、省直管县(市)国土资源局:

《河南省土地整治工程施工监理规程(试行)》(豫国土资发〔2012〕123号)印发实施两年来,在保证工程质量,规范河南省土地整治工程建设监理单位和监理人员的监理活动,提高项目管理水平,促进土地整治工作标准化、规范化方面起到了积极作用,但也存在一些不足。为适应耕地保护和高标准基本农田建设工作的新形势、新要求,结合现阶段河南省土地整治项目实际和各地建议,对原《规程》进行了修订,制定了《河南省土地整治工程施工监理规程》,现印发给你们,请遵照执行。执行中遇到的问题,请及时报告省厅。

2014 年 7 月 16 日

河南省国土资源厅办公室 2014 年 7 月 16 日印发

《河南省土地整治工程施工监理规程》
编制单位及人员名单

主持单位：河南省国土资源厅

主编单位：河南省土地整理中心

参编单位：上海宏波工程咨询管理有限公司第八分公司

主　　编：刘新峰

副 主 编：王晓娟　周　敏

编写人员：李会群　司　涛　张　扬　何同舟

黄　燕　万建广　陈　昊　朱宇峰

李鸣慧　李文忠　邵红旗　宋鹏伟

王银山　钱耀兴　李　博　李留军

刘智远　陈平货　张立新　贾文星

修订说明

《河南省土地整治工程施工监理规程》(豫国土资发【2014】81号)自2014年7月颁布实施以来,对保证工程质量,规范河南省土地整治工程建设监理单位和监理人员的监理活动,提高项目管理水平,提高资金使用效益,推动河南省土地整治工程建设体制改革起到了重要作用。

本规程在执行过程中,收到了一些项目承担单位(项目法人)、项目实施单位、施工单位、监理单位等部门的意见和建议。针对提出的意见和建议,《河南省土地整治工程施工监理规程》编写委员会和编制单位进行了研究,并根据大家的意见和建议进行了局部修订。

前　言

《河南省土地整治工程施工监理规程(试行)》(豫国土资发【2012】123号)自2012年9月颁布实施以来,对保证工程质量,培育和规范河南省土地整治工程建设监理单位和监理人员的监理活动,提高项目管理水平,提高资金使用效益,推动河南省土地整治工程建设体制改革起到了重要作用。为适应全面深化河南省国土资源管理改革,尽职尽责保护国土资源,节约集约利用国土资源,尽心尽力维护群众权益,更好地服务经济社会发展的要求,并结合一年多以来的河南省土地整治工程施工监理实践和调研,对该规程进行了修订。

本规程共14章,32节,3个规范性附录。主要内容有总则,术语,监理组织及监理人员,施工监理基本工作程序和制度,施工准备阶段的监理工作,工程质量控制,工程进度控制,工程造价控制,安全生产管理,文明施工与环境保护,合同管理的其他工作,信息与档案管理,工程验收与移交,保修期的监理工作以及附录A《施工监理主要工作程序框图》,附录B《监理报告编写要求及主要内容》,附录C《施工监理工作常用表格》。

请有关单位和个人在执行本规程过程中,注意总结经验,如有修改完善意见,请寄送河南省土地整理中心(地址:河南省郑州市郑东新区金水东路18号,邮编450016),以便再次修订时研用。

目　录

1 总　则

1.0.1　为加强河南省土地整治项目实施过程的管理，规范河南省土地整治工程建设监理单位和监理人员的监理行为，保证监理工作质量，提高项目管理水平，依据有关法律、法规、规章，参照国家、行业、地方有关现行规范、规程、标准，制定本规程。

1.0.2　本规程适用于河南省土地整治工程施工阶段的监理工作，包括施工准备、施工实施和保修期监理工作。其他工程可参照执行。

1.0.3　承担河南省土地整治工程施工监理业务的监理单位，应有国务院有关行政主管部门或省有关行政主管部门批准的资质等级，并应接受国土资源管理部门的监督和管理。

1.0.4　河南省土地整治工程施工监理应按有关规定择优选择监理单位。

1.0.5　监理单位应遵守国家法律、法规、规章，独立、公正、公平、诚信、科学地开展监理工作，履行监理合同约定的职责。

1.0.6　监理人员应遵循守法、诚信、公平、科学的职业道德准则，维护项目承担单位（项目法人）的合法权益，不损害其他单位的合法权益，履行监理合同约定的职责。

1.0.7　河南省土地整治工程施工监理应以合同管理为中心，有效控制工程建设项目质量、造价、进度等目标，加强安全生产、信息管理，并协调建设各方之间的关系。

1.0.8　河南省土地整治工程施工监理主要依据：

　　1　国家和河南省有关工程建设的法律、法规和规章。

　　2　工程建设有关的规范、规程、技术标准和规定。

　　3　经批准的项目文件、设计文件及其他相关文件。

　　4　项目的监理、施工、设备采购等合同文件。

　　5　工程实施过程中有关的文件等。

1.0.9　监理单位为实施施工监理而进行的审核、核查、检验、认可与批准，并不免除或减轻责任方应承担的责任。

1.0.10　监理单位应积极采用先进的项目管理技术和手段实施监理工作。

1.0.11　监理单位的合理化建议或高效工作使土地整治工程建设项目取得了显著的经济效益，监理单位可按有关规定或监理合同约定，得到相应的奖励。

因监理单位的直接原因致使工程项目遭受了直接损失，监理单位应按有关规定或监理合同约定，得到相应的处罚或赔偿。

1.0.12　河南省土地整治工程施工监理除应遵守本规程外，还应遵守国家有关法律、法规和强制性标准的规定。

2 术 语

2.0.1 项目承担单位(项目法人)

批准实施土地整治项目的国土资源主管部门下达项目计划、概(预)算批复中确定且履行项目法人责任的单位。

2.0.2 监理单位

具有企业独立法人资格,取得国务院或省有关行政主管部门批准的资格等级证书,在省级国土资源管理部门登记,并与项目承担单位(项目法人)签订了监理合同,提供监理相关服务的单位。

2.0.3 施工单位

具有企业独立法人资格,取得国务院或省建设行政主管部门批准的建筑业企业资质等级证书和安全生产许可证书,在省级国土资源管理部门登记,并与项目承担单位(项目法人)签订了承包合同,实施河南省土地整治工程施工的企业。

2.0.4 勘测、设计单位

具有企业独立法人资格,取得国务院或省建设行政主管部门批准的工程勘测或设计资质等级证书,在省级国土资源管理部门登记,并与项目承担单位(项目法人)签订了勘测或设计合同,实施河南省土地整治工程勘测、设计的企业。

2.0.5 监理机构

监理单位依据监理合同约定派驻工程现场,由监理人员和其他工作人员组成,全面履行施工监理合同的机构。

2.0.6 施工监理

监理机构依据法律、法规、标准及合同约定等,以合同管理为中心,有效控制土地整治工程建设质量、造价、进度等目标,加强安全生产、信息管理,参与协调建设相关方的关系等所开展的施工监理工作。

2.0.7 监理人员

在监理机构中从事土地整治工程建设监理的总监理工程师、监理工程师(含总监理工程师代表或副总监理工程师)和监理员。

2.0.8 总监理工程师

受监理单位委派,全面负责土地整治工程监理合同的履行,主持监理机构工作的注册监理工程师。

2.0.9 总监理工程师代表(副总监理工程师)

受监理单位委派,由总监理工程师书面授权,代表总监理工程师行使总监理工程师部分职责和权力的注册监理工程师。

2.0.10 监理工程师

取得国务院有关行政主管部门或其授权的行业协会颁发的工程类执业资格证书(如注册监理工程师、注册造价工程师),并取得《河南省土地整治项目工程监理培训证书》,在监理机构中承担监理工作,具有相关监理文件签发权的监理人员。

2.0.11 监理员

取得国务院或省有关行政主管部门或其授权的部门颁发的监理员岗位证书,取得《河南省土地整治项目工程监理培训证书》,在监理机构中承担辅助、协助工作的人员。

2.0.12 监理大纲

监理单位为全面开展监理工作在监理招标投标阶段编制的规划性文件。

2.0.13 监理规划

在监理单位与项目承担单位(项目法人)签订监理合同后,由总监理工程师主持编制,并经监理单位技术负责人批准的用于指导监理机构全面开展监理工作的指导性文件。

2.0.14 监理实施细则

由监理工程师负责编制,并经总监理工程师批准的用于实施某一项目或某一专业监理工作的操作性文件。

2.0.15 巡视

监理人员对正在施工的部位或工序,在现场进行的定期或不定期的检查、监督和管理活动。

2.0.16 旁站

监理人员在施工现场对工程项目的关键部位或关键工序的施工实施连续性的全过程检查、监督与管理活动。

2.0.17 跟踪检测

在施工单位进行试样检验和检测前,监理机构对其检测人员、仪器设备以及拟订的检测程序和方法进行审核;在施工单位对试样进行检验和检测时,实施全过程的监督,确认其程序、方法的有效性以及检测结果的可信性,并对该结果确认。

2.0.18 平行检测

监理机构在施工单位对试样自行检验和检测的同时,独立抽样进行的检验和检测,核验施工单位的检测结果。

2.0.19 见证取样

项目监理机构对施工单位进行的涉及结构安全的试块、试件及工程材料从现场取样、封样、送检等工作实施的全过程监督活动。

2.0.20 工程变更

在土地整治工程实施过程中,按照合同约定的程序对部分工程的工序、位置、材料、工艺、功能、尺寸、技术指标、工程量等方面做出的改变。

2.0.21 工程计量

根据批准的设计文件及施工合同的约定,监理机构对施工单位已完成的合格工程或工作所申报的工程量进行的核验。

2.0.22 监理例会

在工程实施过程中,针对工程质量、造价、进度控制和安全生产、合同管理等事宜,由监理机构定期召开的,由有关单位参加的会议。

2.0.23 费用索赔

根据施工合同约定，合同一方因另一方原因造成的本方经济损失，通过总监理工程师向对方索取费用的活动。

2.0.24 临时延期批准

当发生非施工单位原因造成持续性影响工期的事件，总监理工程师经项目承担单位（项目法人）同意后可做出暂时延长合同工期的批准。

2.0.25 延期批准

当发生非施工单位原因造成持续性影响工期的事件，总监理工程师经项目承担单位（项目法人）同意后可做出最终延长合同工期的批准。

2.0.26 协调

监理机构对参加工程建设各方之间的关系以及工程施工过程中出现的问题和争议进行的调解。

2.0.27 监理日记

监理机构的每一个监理人员根据所从事的监理工作，每日对施工现场的人员、设备和材料、天气、施工环境以及施工中出现的各种实际情况等所做的记录。

2.0.28 监理日志

由总监理工程师指定的监理工程师每日对监理机构的监理工作及工程建设过程中监理人员参与工程造价、进度、质量控制和安全生产、合同管理及现场协调等实际情况所做的记录。

2.0.29 监理月报

监理机构每月分析总结监理工作及工程实施情况向项目承担单位（项目法人）提出的报告。

2.0.30 保修期

从工程移交证书中注明之日起，至有关规定或施工合同约定的保修时限止的时段。

2.0.31 书面形式

合同书、信件和数据电文（包括电报、电传、传真、电子数据交换和电子邮件）等可以有形地表现所载内容的形式。

2.0.32 监理文件资料

工程监理单位在履行建设工程监理合同过程中形成或获取的，以一定形式记录、保存的文件资料，包括文字、图表、数据、声像、电子文档等。

3 监理组织及监理人员

3.1 监理单位

3.1.1 监理单位与项目承担单位(项目法人)应按照招标投标文件规定签订监理合同。

在土地整治项目工程监理工作范围内,项目承担单位(项目法人)与施工单位之间涉及施工合同的联系活动应通过工程监理单位进行。

3.1.2 监理单位开展监理工作,应遵守下列规定:

1 严格遵守国家法律、法规、规章和政策,维护国家利益、社会公共利益和工程建设当事人各方合法权益。

2 不得与所承担监理项目的施工单位、设备供货单位(人)发生经营性隶属关系,也不得是这些单位的合伙经营者。

3 禁止转让、违法分包监理业务。

4 不得聘用无监理资格证书和岗位证书的人员从事监理业务。

5 禁止采取不正当竞争手段获取监理业务。

3.1.3 监理单位应依照监理合同约定,组建监理机构,配置满足监理工作需要的监理人员,并书面通知项目承担单位(项目法人)。

监理单位应依照监理合同约定,将总监理工程师及其他主要监理人员及时派驻到监理工地。监理人员配置如有调整,调整人员的资格和职称应不小于投标文件的承诺,并应事先征得项目承担单位(项目法人)同意。监理单位应以书面形式将调整人员情况报项目承担单位(项目法人)批准。

3.1.4 监理单位应按照国家的有关规定给工程现场监理人员购买人身意外保险及其他有关险种。

3.1.5 监理单位应建立现代企业制度,加强内部管理,对监理人员进行技术、管理培训,选派取得《河南省土地整治项目工程监理培训证书》的人员参加土地整治工程监理工作。

3.1.6 监理单位应接受国土资源主管部门的考核、监督和管理。

3.1.7 监理服务范围和服务时间发生变化时,监理单位和项目承担单位(项目法人)可按有关规定或监理合同约定执行。

3.2 监理机构

3.2.1 监理机构应在监理合同授权范围内行使职权。项目承担单位(项目法人)不得擅自做出有悖于监理机构在合同授权范围内所做出的指示的决定。

3.2.2 监理机构的基本职责与权限应包括下列各项:

1 协助项目承担单位(项目法人)选择施工单位、设备供货单位(人)。

2 审核施工单位拟选择的分包项目和分包单位。

3 核查并签发施工图纸文件。

4　审批施工单位提交的各类文件。

5　签发指令、指示、通知、批复等监理文件。

6　监督、检查施工过程及现场施工安全、环境保护情况。

7　监督、检查工程施工进度。

8　检验施工项目的材料、构配件、工程设备的质量和工程施工质量。

9　处置施工中影响或造成工程质量、安全事故的紧急情况。

10　审核工程计量，签发各类付款证书。

11　处理合同违约、变更和索赔等合同实施中的问题。

12　参与或协助项目承担单位（项目法人）组织工程验收，签发工程移交证书；监督、检查工程保修情况，签发保修责任终止证书。

13　主持施工合同各方之间关系的协调工作。

14　解释施工合同文件。

15　监理合同约定的其他职责与权限。

3.2.3　监理机构应制定与监理工作内容相适应的工作制度和管理制度。

3.2.4　监理机构应将总监理工程师和其他监理人员的姓名、监理业务分工和授权范围书面报送项目承担单位（项目法人），并由项目承担单位（项目法人）通知施工单位。

3.2.5　监理机构进驻工地后，应将开展监理工作的基本工作程序、工作制度和工作方法等向施工单位进行交底。

3.2.6　监理机构应在完成监理合同约定的全部工作后，将履行合同期间从项目承担单位（项目法人）处领取的有关工程建设文件资料归还项目承担单位（项目法人），办理移交手续，并履行保密义务。

3.3　监理人员

3.3.1　河南省土地整治工程监理实行总监理工程师负责制。总监理工程师负责全面履行监理合同中所约定的监理单位的职责。监理人员应持证上岗。

3.3.2　监理人员应遵守以下规则：

1　遵纪守法，坚持求实、严谨、科学的工作作风，全面履行义务，正确运用权限，勤奋、高效地开展监理工作。

2　努力钻研业务，熟悉和掌握建设项目管理知识和专业技术知识，提高自身素质和技术、管理水平。

3　提高监理服务意识，增强责任感，加强与工程建设有关各方的协作，积极、主动开展工作，尽职尽责，公正廉洁。

4　未经许可，不得泄露与本工程有关的技术和商务秘密，并应妥善做好项目承担单位（项目法人）所提供的工程建设文件资料的保存、回收及保密工作。

5　除监理工作联系外，不得与施工单位和材料、工程设备供货单位（人）有其他业务关系和经济利益关系。

6　遵守职业道德，维护职业信誉，严禁徇私舞弊。

3.3.3　总监理工程师的主要职责应包括以下各项：

1　主持编制监理规划，制定监理机构规章制度，审批监理实施细则，签发监理机构的文件。

2　确定监理机构各部门职责分工及监理人员职责权限，协调监理机构内部工作。

3　指导监理工程师开展工作；负责监理人员的工作考核，调换不称职的监理人员；根据工程建设进展情况，调整监理人员。

4　审核施工单位提出的分包项目和分包单位，报项目承担单位（项目法人）批准。

5　审批施工单位提交的施工组织设计、施工措施和施工进度等计划。

6　组织或授权监理工程师组织设计交底，签发施工图纸文件。

7　主持第一次工地会议，主持或授权监理工程师主持监理例会和监理专题会议。

8　签发进场通知、合同项目开工令、分部工程开工通知、暂停施工通知和复工通知等重要监理文件。

9　组织审核付款申请，签发各类付款证书。

10　主持处理合同违约、变更和索赔等事宜，签发变更和索赔的有关文件。

11　主持施工合同实施中的协调工作，调解合同争议，必要时对施工合同条款做出解释。

12　要求施工单位撤换不称职或不宜在本工程工作的现场施工人员或工程技术、管理人员。

13　审核质量保证体系文件并监督其实施情况；审批工程质量缺陷的处理方案；参与或协助项目承担单位（项目法人）组织处理工程质量及安全事故。

14　协助项目承担单位（项目法人）组织工程项目的分部工程、单位工程、单项工程验收和工程竣工验收。

15　签发工程移交证书和保修责任终止证书。

16　检查监理日志；组织编写并签发监理月报、监理专题报告、监理工作报告；组织整理监理合同文件和监理文件资料。

3.3.4　总监理工程师不得将以下工作授权给总监理工程师代表（副总监理工程师）或监理工程师：

1　主持编制监理规划，审批监理实施细则。

2　主持审核施工单位提出的分包项目和分包单位。

3　审批施工单位提交的施工组织设计、施工措施和施工进度等计划。

4　主持第一次工地会议，签发进场通知、合同项目开工令、分部工程开工通知、暂停施工通知、复工通知。

5　签发各类付款证书。

6　签发变更和索赔的有关文件。

7　要求施工单位撤换不称职或不宜在本工程工作的现场施工人员或工程技术、管理人员。

8　签发工程移交证书和保修责任终止证书。

9　签发监理月报、监理专题报告和监理工作报告。

3.3.5　1 名总监理工程师在工程正常实施期间只应在 1 个土地整治项目中担任总监理工程师工作，不应在其他项目中任职。经项目承担单位（项目法人）同意，工程正常实施期间在 1 个土地整治项目中，1 名总监理工程师可同时担任 2 个监理标段的总监理工程师，并配备总监理工程师代表（副总监理工程师）。总监理工程师可通过书面授权总监理工程师代表（副总监理工程师）履行除本规程 3.3.4 规定外的总监理工程师职责。

3.3.6　监理工程师是所执行监理工作的直接责任人，应按照总监理工程师所授予的职责权限开展监理工作，并对总监理工程师负责。主要职责应包括以下各项：

1 参与编制监理规划，编制监理实施细则。

2 预审施工单位提出的分包项目和分包单位。

3 预审施工单位提交的施工组织设计、施工措施和施工进度等计划。

4 预审或经授权签发施工图纸文件。

5 核查进场材料、构配件、工程设备的原始凭证、检测报告等质量证明文件及其质量情况。

6 预审分部工程开工申请报告。

7 协助总监理工程师协调参建各方之间的工作关系。按照职责权限处理施工现场发生的有关问题，签发一般监理文件。

8 检验工程施工质量，并予以确认或否认。

9 审核工程计量的数据和原始凭证，确认工程计量结果。

10 预审各类付款证书。

11 提出变更、索赔及质量和安全事故处理等方面的初步意见。

12 按照职责权限参加工程质量评定工作和验收工作。

13 根据监理工作实施情况做好监理日记。

14 收集、汇总、整理监理资料，参与编写监理月报，填写监理日志。

15 施工中发生重大问题和遇到紧急情况时，及时向总监理工程师报告、请示。

16 指导、检查监理员的工作。必要时可向总监理工程师建议调换监理员。

3.3.7 监理员应按被授予的职责权限在监理工程师的指导下开展监理工作，其主要职责应包括以下各项：

1 核实进场原材料质量检验报告和施工测量成果报告等原始资料，进行见证取样。

2 检查施工单位用于工程建设的材料、构配件、工程设备使用情况，并做好现场记录。

3 检查并记录现场施工程序、施工工法等实施过程情况。

4 检查和统计计日工情况；审核工程计量结果。

5 核查关键岗位施工人员的上岗资格；检查、监督工程现场的施工安全和环境保护措施的落实情况，发现异常情况及时向监理工程师报告。

6 检查施工单位的施工日志和实验室记录。

7 核实施工单位质量评定的相关原始记录。

8 根据监理工作实施情况做好监理日记和监理工程师交办的其他工作。

3.3.8 当监理人员数量较少时，监理工程师可同时承担监理员的职责。

3.4 监理检测仪器设备

3.4.1 项目承担单位（项目法人）可提供委托监理合同约定的满足监理工作需要的办公、生活设施。监理机构应妥善保管和使用，并应在完成监理工作后移交项目承担单位（项目法人）。

3.4.2 监理机构应根据项目规模、复杂程度、工程项目所在地的环境条件，按监理合同的约定，配备满足监理工作需要的常规检测仪器设备和工器具。

3.4.3 监理机构应配备计算机辅助进行监理工作管理。

4 施工监理基本工作程序和制度

4.1 基本工作程序

4.1.1 签订监理合同，明确监理工作范围、内容和责权。

4.1.2 依据监理合同，组建现场监理机构，选派总监理工程师、总监理工程师代表（副总监理工程师）、监理工程师、监理员和其他工作人员。

4.1.3 熟悉工程建设有关法律、法规、规章以及技术标准，熟悉工程设计文件、施工合同文件和监理合同文件。

4.1.4 编制项目监理规划。

4.1.5 编制监理实施细则。

4.1.6 进行监理工作交底。

4.1.7 实施施工监理工作。施工监理主要工作程序参照本规程附录 A。

4.1.8 督促施工单位及时整理、归档各类资料。

4.1.9 参加验收工作，签发工程移交证书和工程保修责任终止证书。

4.1.10 向项目承担单位（项目法人）提交有关档案资料、监理工作总结报告。

4.1.11 向项目承担单位（项目法人）移交其所提供的文件资料和设施。

4.1.12 结清监理费用。

4.2 主要工作制度

4.2.1 技术文件审核、审批制度

根据施工合同约定向施工单位提交的施工图纸文件以及由施工单位提交的施工组织设计、施工措施计划、施工进度计划、开工申请等文件均应通过监理机构核查、审核或审批，方可实施。

4.2.2 原材料、构配件和工程设备检验制度

进场的原材料、构配件和工程设备应有出厂合格证明和技术说明书，经施工单位自检合格后，方可报监理机构检验。不合格的材料、构配件和工程设备应按监理指示在规定时限内运离工地或进行相应处理。

4.2.3 工程质量检验制度

施工单位每完成一道工序或一个单元工程，都应经过自检，合格后方可报监理机构进行复核检验。上道工序或上一单元工程未经复核检验或复核检验不合格，不得进行下道工序或下一单元工程施工。

4.2.4 工程计量付款签证制度

所有申请付款的工程量或工作均应进行计量并经监理机构确认。未经监理机构签证

的付款申请,项目承担单位(项目法人)不应支付。

4.2.5 会议制度

监理机构应建立会议制度,包括第一次工地会议、监理例会和监理专题会议。会议由总监理工程师或由其授权监理工程师主持。工程建设有关各方应派员参加。各次会议应符合下列要求:

1 第一次工地会议。应在合同项目开工令下达前举行,会议内容应包括工程开工准备检查情况;介绍各方负责人及其授权代理人和授权内容;沟通相关信息;进行监理工作交底。会议的具体内容可由有关各方会前约定。会议由项目承担单位(项目法人)的负责人主持或由项目承担单位(项目法人)的负责人与总监理工程师联合主持。

2 监理例会。监理机构应定期主持召开由参建各方负责人、工程技术人员参加的会议,会上应通报工程进展情况,检查上次监理例会中有关决定的执行情况,分析当前存在的问题,提出问题的解决方案或建议,明确会后应完成的任务。会议应形成会议纪要。

3 监理专题会议。监理机构应根据需要,主持召开监理专题会议,研究解决施工中出现的涉及施工质量、安全生产、施工方案、施工进度、工程变更、索赔、争议等方面的专门问题。

4 总监理工程师应组织编写由监理机构主持召开的会议纪要,并分发与会各方。

4.2.6 施工现场紧急情况报告制度

监理机构应针对施工现场可能出现的紧急情况编制处理程序、处理措施等文件。当发生紧急情况时,应立即向项目承担单位(项目法人)报告,并指示施工单位立即采取有效紧急措施进行处理。

4.2.7 工作报告制度

监理机构应及时向项目承担单位(项目法人)提交监理人员调整报告、监理月报或监理专题报告;在工程验收时,提交监理工作报告;在监理工作结束后,提交监理工作总结报告。上述报告可参照本规程附录B编写。

4.2.8 工程验收制度

在施工单位提交验收申请后,监理机构应对其是否具备验收条件进行审核,并根据有关工程验收规程或合同约定,协助项目承担单位(项目法人)组织工程验收。

5 施工准备阶段的监理工作

5.1 监理机构的准备工作

5.1.1 依据监理合同约定,适时设立现场监理机构,配置监理人员,并进行必要的岗前培训。

5.1.2 建立监理工作规章制度。

5.1.3 接收、收集并熟悉有关工程建设资料,包括:工程建设法律、法规、规章和技术标准,工程建设项目设计文件及其他相关文件,合同文件及相关资料等。

5.1.4 接收由项目承担单位(项目法人)提供的办公设施和食宿等生活条件,完善工作、生活和环境条件。

5.1.5 监理规划的编写

监理规划由项目总监理工程师组织监理工程师编制,应在监理大纲的基础上,结合施工单位报批的施工组织设计、施工进度计划编写,具有针对性,突出监理工作的预控性和注意规划的可行性和操作性。监理规划的主要内容应包括:

1 总则

1)工程项目基本概况。简述工程项目的名称、性质、等级、建设地点、自然条件与外部环境;工程项目组成及规模、特点;工程项目建设目的。

2)工程项目主要目标。工程项目总投资及组成、计划工期(包括项目阶段性目标的计划开工日期和完工日期)、质量目标。

3)工程项目组织。工程项目主管部门、项目承担单位(项目法人)、设计单位、施工单位、监理单位、材料设备供货单位(人)的简况。

4)监理工程范围和内容。项目承担单位(项目法人)委托监理的工程范围和服务内容等。

5)监理主要依据。列出开展监理工作所依据的法律、法规、规章,国家及部门颁发的相关技术标准,批准的工程建设文件和有关合同文件、设计文件等的名称、文号等。

6)监理组织。现场监理机构的组织形式与部门设置,部门分工与协作,监理人员的配置和岗位职责等。

7)监理工作基本程序。

8)监理工作主要方法和主要制度。制定技术文件审核与审批、工程质量检验与评定、工程计量与付款签证、会议、施工现场紧急情况处理、工作报告、工程验收等方面的监理工作方法和制度。

9)监理人员守则和奖惩制度等。

2 工程质量控制

1)质量控制的原则。

2)质量控制的目标。根据有关规定和合同文件,明确合同项目各项工作的质量要求和目标。

3)质量控制的内容。根据监理合同明确监理机构质量控制的主要工作内容和任务。

4)质量控制的措施。明确质量控制程序和质量控制方法,并明确质量控制点、质量控制要点与难点。

5)明确监理机构所应制定的质量控制制度。

3 工程进度控制

1)进度控制的原则。

2)进度控制目标。根据工程基本资料,建立进度控制目标体系,明确合同项目进度的控制性目标。

3)进度控制的内容。根据监理合同明确监理机构在施工中进度控制的主要工作内容。

4)进度控制的措施。明确合同项目进度控制程序、控制制度和控制方法。

4 工程造价控制

1)造价控制的原则。

2)造价控制的目标。依据施工合同,建立造价控制体系。

3)造价控制的内容。依据监理合同,明确造价控制的主要工作内容和任务。

4)造价控制的措施。明确工程计量方法、程序和工程支付程序以及分析方法;明确监理机构所需制定的工程支付与合同管理制度。

5 安全生产管理

1)安全生产管理的原则。

2)安全生产管理的目标。根据有关法律、法规、规定和合同文件,明确合同项目安全生产要求和目标。

3)安全生产管理的内容。根据监理合同明确监理机构安全生产管理的主要工作内容和任务。

4)安全生产管理的措施。

6 文明施工与环境保护

1)文明施工。

2)环境保护。

7 合同管理

1)变更的处理程序和监理工作方法。

2)违约事件的处理程序和监理工作方法。

3)索赔的处理程序和监理工作方法。

4)担保与保险的审核和查验。

5)分包管理的监理工作内容与程序。

6)争议的调解原则、方法与程序。

7)清场与撤离的监理工作内容。

8 协调

1)明确监理机构协调工作的主要内容。

2)明确协调工作的原则与方法。

9 工程验收与移交

明确监理机构在工程验收与移交中工作的内容。

10 保修期监理

1)明确工程保修期的起算、终止和延长的依据及程序。

2)明确保修期监理的主要工作内容。

11 信息和监理文件资料管理

1)信息管理程序、制度及人员岗位职责。

2)文档清单及编码系统。

3)文档管理计算机管理系统。

4)文件信息流管理系统。

5)监理文件资料归档系统。

6)现场记录的内容、职责和审核。

7)现场指令、通知、报告内容和程序等。

12 监理设施

1)制订现场交通、通信、试验、办公、食宿等设施设备的使用计划。

2)制定交通、通信、试验、办公等设施使用的规章制度。

13 其他根据合同项目需要应包括的内容

监理规划应随工程建设的进展或合同变更不断补充、修改与完善。监理人员应参与或熟悉监理规划的编制,掌握监理规划的内容和要求。

5.1.6 监理实施细则的编写

监理实施细则应在单项工程或所监理的施工标段施工前,由监理工程师编制,相关监理人员参与,经总监理工程师批准。监理实施细则应符合监理规划的基本要求,充分体现工程特点和合同约定的要求,结合工程项目的施工方法和专业特点,具有明显的针对性。监理实施细则的主要内容应包括:

1 总则

1)编制依据。包括施工合同文件、设计文件、施工图设计文件、监理规划、经监理机构批准的施工组织设计及技术措施(作业指导书),由生产厂家提供的有关材料、构配件和工程设备的使用技术说明,工程设备的安装、调试、检验等技术资料。

2)适用范围。写明监理实施细则适用的项目或专业。

3)负责该项目或专业工程的监理人员及职责分工。

4)适用工程范围内使用的全部技术标准、规程、规范的名称和文号。

5)项目承担单位(项目法人)为该项工程开工和正常进展应提供的必要条件。

2 开工审批内容和程序

1)单位工程、分部工程开工审批程序和申请内容。

2)混凝土浇筑开仓审批程序和申请内容。

3 质量控制的内容、措施和方法

1)质量控制标准与方法。根据技术标准、设计要求、合同约定等,具体明确工程质量的质量标准、检验内容以及质量控制措施,明确质量控制点及旁站监理方案等。

2)材料、构配件和工程设备质量控制。具体明确材料、构配件和工程设备的运输、储存管理要求,报验、签认程序,检验内容与标准。

3)工程质量检测试验。根据工程施工实际需要,明确对施工单位检测实验室配置与管理的要求,对检测实验室的资质等级及试验范围、法定计量部门对试验设备出具的记录检定证明，以及检测试验的工作条件、技术条件、试验仪器设备、人员岗位资格与素质、工作程序与制度等方面的要求；明确监理机构检验的抽样方法或控制点的设置、试验方法、结果分析以及试验报告的管理。

4）施工过程质量控制。明确施工过程质量控制要点、方法和程序。

5）工程质量评定程序。根据规程、规范、标准、设计要求等，具体明确质量评定内容与标准，并写明引用文件的名称与章节。

6）质量缺陷和质量事故处理程序。

4 进度控制的内容、措施和方法

1）进度目标控制体系。该项工程的开工、完工时间，阶段目标或里程碑时间，关键节点时间。

2）进度计划的表达方法。如横道图、柱状图、网络图（单代号、双代号、时标）、关联图等，应满足合同要求和控制需要。

3）施工进度计划的申报。明确进度计划（包括总进度计划、单位工程进度计划、分部工程进度计划、年度计划、月计划等）的申报时间、内容、形式、份数等。

4）施工进度计划的审批。明确进度计划审批的职责分工、要点、时间等。

5）施工进度的过程控制。明确施工进度监督与检查的职责分工；拟订检查内容（包括形象进度、劳动效率、资源、环境因素等）；明确进度偏差分析与预测的方法和手段（如采用的图表、计算机软件等）；制定进度报告、进度计划修正与赶工措施的审批程序。

6）停工与复工。明确停工与复工的程序。

7）工期索赔。明确控制工期索赔的措施和方法。

5 安全生产管理的内容、措施和方法

1）监理机构内部的施工安全生产管理体系。

2）施工单位应建立的施工安全生产管理体系。

3）施工单位文明施工的基本规定及要求。

6 文明施工与环境保护的内容、措施和方法

1）文明施工的内容、措施和方法。

2）环境保护的内容、措施和方法，包括减少施工对环境的危害和污染及环境保护的内容与措施。

7 造价控制的内容、措施和方法

1）造价目标控制体系。造价控制的措施和方法；各年的资金使用计划。

2）计量与支付。计量与支付的依据、范围和方法；计量申请与付款申请的内容及应提供的资料；计量与支付的申报、审批程序。

3）实际工程造价的统计与分析。

4）控制费用索赔的措施和方法。

8 合同管理主要内容

1）工程变更管理。明确变更处理的监理工作内容与程序。

2）索赔管理。明确索赔处理的监理工作内容与程序。

3）违约管理。明确合同违约管理的监理工作内容与程序。

4）工程担保。明确工程担保管理的监理工作内容。

5）工程保险。明确工程保险管理的监理工作内容。

6）工程分包。明确工程分包管理的监理工作内容与程序。

7）争议的解决。明确合同双方争议的调解原则、方法与程序。

8）清场与撤离。明确施工单位清场与撤离的监理工作内容。

9 信息管理

1）信息管理体系。包括设置管理人员及职责，制定文档资料管理制度。

2）编制监理文件格式、目录。制定监理文件分类方法与文件传递程序。

3）通知与联络。明确监理机构与项目承担单位（项目法人）、施工单位之间通知与联络的方式和程序。

4）监理日记及监理日志。制定监理人员填写监理日记和监理日志制度，拟订监理日记及监理日志的内容，以及监理日记及监理日志管理办法。

5）监理报告。明确监理月报、监理工作报告和监理专题报告的内容及提交时间、程序。

6）会议纪要。明确会议纪要记录要点和发放程序。

10 工程验收与移交程序和内容

1）明确分部工程验收程序与监理工作内容。

2）明确单项工程和单位工程验收程序与监理工作内容。

3）明确合同项目完工验收程序与监理工作内容。

4）明确工程移交程序与监理工作内容。

11 其他根据项目需要应包括的内容

5.1.7 在监理工作实施过程中，监理实施细则可根据实际情况进行补充、修改，经总监理工程师批准后实施。

5.1.8 编制的监理规划和监理实施细则，应在约定的期限内报送项目承担单位（项目法人）。

5.2 施工准备的监理工作

5.2.1 检查开工前施工单位的施工准备情况：

1 施工单位派驻现场的主要管理、技术人员数量及资格是否与施工合同文件一致。如有变化，应重新审查并报项目承担单位（项目法人）认定。

2 施工单位进场施工设备的数量和规格、性能是否符合施工合同约定要求，是否满足工程开工及随后施工的需要。

3 检查进场原材料、构配件的质量、规格、性能是否符合有关技术标准和技术条款的要求，原材料的储存量是否满足工程开工及随后施工的需要。

4 施工单位的检测条件或委托的检测机构是否符合施工合同要求。

5 施工单位对项目承担单位（项目法人）提供的测量基准点复核情况，并督促施工单位在此基础上完成施工测量控制网的布设及施工区原始地形图的测绘等工作。

6 砂石骨料、混凝土拌和、场内道路、供水、供电等施工辅助设施的准备。

7 施工单位的质量保证体系。

8 施工单位的施工安全生产、文明施工与环境保护措施、规章制度的制定及关键岗位施工人员的资格。

9 施工单位中标后的施工组织设计、施工措施和施工进度计划等技术文件是否完成并提交给监理机构审批等。

5.2.2 审核施工单位在施工准备完成后递交的合同工程开工申请报告。

5.2.3 施工图设计文件的核查与签发应符合下列规定:

1 监理机构收到施工图设计文件后,应在施工合同约定的时间内完成核查或审批工作,确认后签字、盖章。

2 监理机构应在与有关各方约定的时间内,主持或与项目承担单位(项目法人)联合主持召开施工图纸技术交底会议。设计单位应进行技术交底。

3 监理机构负责整理设计交底和施工图设计会审纪要,由项目承担单位(项目法人)、设计单位、监理机构、施工单位签字、盖章。

5.2.4 监理机构应按《河南省土地整治工程施工质量检验与评定标准》的要求进行工程项目划分。

5.3 开工条件核查的监理工作

5.3.1 监理机构应审查合同工程开工具备的各项条件,并审批开工申请。

5.3.2 合同项目开工应遵守下列规定:

1 监理机构应在施工合同约定的期限内,经项目承担单位(项目法人)同意后向施工单位发出进场通知,要求施工单位按约定及时调遣人员和施工设备、材料进场进行施工准备。进场通知中应明确合同工期起算日期。

2 监理机构应协助项目承担单位(项目法人)按施工合同约定向施工单位移交施工设施或施工条件。包括施工用地、道路、测量基准点以及供水、供电、通信设施等。

3 施工单位完成开工准备后,应向监理机构提交开工申请。监理机构经检查确认项目承担单位(项目法人)和施工单位的施工准备满足开工条件后,签发开工令。

4 由于施工单位原因使工程未能按施工合同约定时间开工的,监理机构应通知施工单位在约定时间内提交赶工措施报告并说明延误开工原因。由此增加的费用和工期延误造成的损失由施工单位承担。

5 由于项目承担单位(项目法人)原因使工程未能按施工合同约定时间开工的,监理机构在收到施工单位提出的顺延工期的要求后,应立即与项目承担单位(项目法人)和施工单位共同协商补救办法。

5.3.3 分部工程开工。监理机构应审批施工单位报送的每一分部工程开工申请,审核施工单位递交的施工措施计划,检查该分部工程的开工条件,确认后签发分部工程开工通知。

5.3.4 单元工程开工。在分部工程开工申请获批准后,根据施工部署和作业面情况,具备独立作业条件的单元工程施工单位可自行开工,后续单元工程应在监理机构复核的上一单元工程施工质量合格后方可施工。

5.3.5 混凝土浇筑开仓报审。监理机构应对施工单位报送的混凝土浇筑开仓报审表进行审核,符合开仓条件后方可签发。

6 工程质量控制

6.1 工程质量控制原则

6.1.1 监理机构应建立和健全质量控制体系，并在监理工作过程中改进和完善。

6.1.2 监理机构应监督施工单位建立和健全质量保证体系，并监督其贯彻执行。

6.1.3 监理机构应监督施工单位按照设计文件、规范、规程、标准及施工合同约定进行施工，全面实现承包合同约定的质量目标。

6.1.4 监理机构应对工程施工全过程实施质量控制，对所有施工质量活动及与质量活动相关的人员、材料、工程设备和施工设备、施工工法和施工环境进行监督和控制，按照事前审批、事中监督和事后检验等监理工作环节控制工程质量。

6.1.5 严禁不合格的材料、构配件和设备在工程上使用。

6.1.6 坚持上道工序或单元工程未经监理验收或验收不合格，不得进入下一道工序或单元工程施工。

6.1.7 监理机构应按有关规定或施工合同约定，核查施工单位现场检验设施、人员、技术条件等情况。

6.1.8 监理机构应对施工单位从事施工、质检、安全、材料等岗位和施工设备操作等需要持证上岗人员的资格进行验证和认可。对不称职或违章、违规人员，可要求施工单位暂停或禁止其在本工程中工作。

6.2 原材料、构配件和工程设备的检验与控制

6.2.1 工程中使用的材料、构配件和工程设备，监理机构应监督施工单位按有关规定和施工合同约定进行采购和检验，并查验材质证明和产品合格证。

6.2.2 需要进行复试的进场原材料，应由监理人员进行见证取样，经检验不合格的材料，应督促施工单位运离现场或做出相应处理，严禁将不合格的材料用于工程。

6.2.3 施工单位采购的工程设备，监理机构应参加交货验收；对于项目承担单位（项目法人）提供的工程设备，监理机构应会同施工单位参加交货验收。验收合格并由监理机构签认后方可使用。

6.2.4 监理机构对进场材料、构配件和工程设备的质量有异议时，要指示施工单位进行重新检验，必要时监理机构应进行平行检测。

6.2.5 监理机构发现施工单位未按有关规定和施工合同约定对材料、构配件进行检验时，应及时指示施工单位补做检验；若施工单位未按监理机构的指示进行补验，监理机构可按施工合同约定自行或委托其他有资质的检验机构进行检验，施工单位应为此提供一切方便并承担相应费用。

6.2.6 监理机构在工程质量控制过程中发现由于施工单位使用的材料、构配件、工程设备以及施工设备可能导致工程质量不合格或造成质量事故时,应及时发出指示,要求施工单位立即采取措施纠正。必要时,责令其停工整改。

6.2.7 监理机构应参加工程设备供货人组织的技术交底会议;监督施工单位按照工程设备供货人提供的安装指导书进行工程设备的安装。

6.2.8 监理机构应督促施工单位按照施工合同约定保证施工设备按计划及时进场,并对进场的施工设备按照有关规定进行鉴定、检查和认可。禁止不符合要求的设备投入使用。发现不符合要求的设备投入使用,应要求施工单位及时撤换。在施工过程中,监理机构应督促施工单位对施工设备及时进行补充、维修、维护,满足施工需要。

6.2.9 监理机构若发现施工单位使用的施工设备影响施工质量和进度时,应及时要求施工单位增加或撤换。

6.3 施工过程质量控制

6.3.1 监理机构应监督施工单位完善质量保证体系,对各道工序严格进行自检,自检合格后报监理机构核签,并提交相关资料。

6.3.2 监理机构应审批施工单位制订的施工控制网和原始地形图的施测方案,并对施工单位的施测过程进行监督,对测量成果进行签认,或参加联合测量,共同签认测量结果。

6.3.3 监理机构应对施工单位在工程开工前实施的施工放线测量进行抽样复测或与施工单位进行联合测量。

6.3.4 监理机构应审批施工单位提交的工艺参数试验方案,对现场试验实施监督,审核试验结果和结论,并监督施工单位严格按照批准的工法进行施工。

6.3.5 监理机构应加强对施工过程的巡视和检查,采用现场查看、查阅施工记录以及抽检等方式对施工质量进行严格控制;对发现的质量问题或影响工程质量的行为以及各种违章作业行为发出调整、制止、整顿直至暂停施工的指令。

6.3.6 编制旁站监理方案,明确旁站控制点和控制措施,对工程的重要部位、隐蔽工程的隐蔽过程、下道工序施工完后难以检查的部位进行旁站监理,及时发现和处理施工中出现的问题,如实填写施工旁站记录。

6.3.7 监理机构应根据施工单位报送的单元工程(或工序)进行现场检验,上一单元工程(或工序)未经监理机构检验或检验不合格,不得进行下一单元工程(或工序)施工。

6.3.8 监理机构发现由于施工单位使用的材料、构配件、工程设备以及施工设备或其他原因可能导致工程质量不合格或造成质量缺陷或质量事故时,应及时发出指示,要求施工单位立即采取措施纠正。必要时,责令其停工整改。

监理机构应对施工过程中出现的质量问题及其处理措施或遗留问题进行详细记录和拍照,保存好照片或音像片等相关资料。

6.3.9 监理机构发现施工环境可能影响工程质量时,应指示施工单位采取有效的防范措施。必要时,应停工整改。

6.4 工程质量检验与评定

6.4.1 施工单位应首先对工程施工质量进行自检,自检合格后方可报验。未经自检或自检不合格、自检资料不完善的,监理机构有权拒绝检验。

6.4.2 监理机构对施工单位经自检合格后报验的单元工程(或工序)质量,应按有关技术标准和施工合同约定的要求进行检验。检验合格后方予签认。

6.4.3 监理机构可采用跟踪检测、平行检测方法对施工单位的检验结果进行复核。平行检测的检测数量,混凝土试样不应少于施工单位检测数量的3%,重要部位每种标号的混凝土最少取样1组,土方试样不应少于施工单位检测数量的5%,重要部位至少取样3组;跟踪检测的检测数量,混凝土试样不应少于施工单位检测数量的7%,土方试样不应少于施工单位检测数量的10%。平行检测和跟踪检测工作都应由具有国家规定资质条件的检测机构承担。平行检测的费用可根据委托监理合同约定;当平行检测的检验结果不合格时,应由施工单位承担。

6.4.4 在工程设备安装完成后,监理机构应监督施工单位按规定对设备性能进行测试,并提交设备操作和维修手册等资料。

6.4.5 施工单位完成合同工程并完成自检后,由监理机构按单位工程进行资料审核和现场检查,符合要求后对施工单位报送的质量验收申请予以签认。

6.4.6 合同工程竣工验收合格后,由施工单位填报《竣工移交证书》,施工单位、监理单位和项目承担单位(项目法人)共同签署。

6.4.7 工程质量检验与评定应执行《河南省土地整治工程施工质量检验与评定标准》。

6.4.8 工程质量评定。监理机构应监督施工单位真实、齐全、完善、规范地填写质量评定表。施工单位应按规定对工序、单元工程、分部工程、单位工程、单项工程质量等级进行自评。监理机构应对施工单位的工程质量等级自评结果进行复核。

监理机构应按规定参与工程项目外观质量评定和单项工程、工程项目施工质量评定工作。

6.4.9 工程施工过程中发生了工程质量缺陷,施工单位应及时向监理机构提交施工质量缺陷处理措施报审,按《河南省土地整治工程施工质量检验与评定标准》进行质量缺陷备案。

6.4.10 质量事故的调查处理应符合下列规定:

1 质量事故发生后,施工单位应按规定及时提交事故报告。监理机构在向项目承担单位(项目法人)报告的同时,指示施工单位及时采取必要的应急措施并保护现场,做好相应记录。

2 监理机构应积极配合事故调查组进行工程质量事故调查、事故原因分析,参与处理意见等工作。

3 监理机构应指示施工单位按照批准的工程质量事故处理方案和措施对事故进行处理。经监理机构检验合格后,施工单位方可进入下一阶段施工。

7　工程进度控制

7.1　工程进度控制原则

7.1.1　施工单位的工程进度应满足项目总体进度目标的要求。

7.1.2　监理机构对工程进度控制的依据是承包合同约定的工期目标。

7.1.3　在确保工程质量和安全的原则下控制工程进度。

7.1.4　监理机构应采用动态控制方法进行主动控制。

7.2　进度控制的内容和方法

7.2.1　监理机构根据项目承担单位(项目法人)制定的工期目标,编制工程进度计划的控制方案。

7.2.2　监理机构应根据工程实际进展情况和施工条件的变化,对工程进度目标进行风险分析并及时向项目承担单位(项目法人)提出相关建议。

7.2.3　总监理工程师应组织监理工程师根据建设工程合同约定的工期审查施工单位报送的施工总进度计划并提出审查意见,经总监理工程师审批后报项目承担单位(项目法人)。

7.2.4　施工进度计划审批的程序:

1　施工单位应在施工合同约定的时间内向监理机构提交施工进度计划。

2　监理机构应在收到施工进度计划后及时进行审查,提出明确审批意见。

3　如施工进度计划中存在问题,监理机构应提出审查意见,交施工单位进行修改或调整。

4　审批施工单位提交的施工进度计划或修改、调整后的施工进度计划。

7.2.5　施工进度计划审查的主要内容:

1　在施工进度计划中有无项目内容漏项或重复情况。

2　施工进度计划与合同工期和总进度计划目标的响应性与符合性。

3　施工进度计划与施工条件、环境因素是否存在冲突。

4　本施工项目与其他各合同段相关施工项目之间的协调性。

5　施工进度计划中各项工作内容之间逻辑关系的正确性与施工方案的可行性。

6　施工进度计划实施过程的合理性。

7　人力、材料、施工设备等资源配置计划和施工强度的合理性。

8　材料、构配件、工程设备供应计划与施工进度计划的衔接关系。

9　施工进度计划的详细程度和表达形式的适宜性。

10　对项目承担单位(项目法人)提供施工条件要求的合理性。

11　其他应审查的内容。

7.2.6　实际施工进度的检查与协调应符合下列规定：

1　监理机构应编制描述实际施工进度状况和用于进度控制的各类图表。

2　监理机构应督促施工单位做好施工组织管理，确保施工资源的投入，并按批准的施工进度计划实施。

3　监理机构应做好实际工程进度记录以及施工单位每日的施工设备、人员、原材料的进场记录，并审核施工单位的同期记录。

4　监理机构应对施工进度计划的实施全过程，包括施工准备、施工条件和进度计划的实施情况，进行定期检查，对实际施工进度进行分析和评价，对关键路线的进度实施重点跟踪检查。

5　监理机构应根据施工进度计划，协调有关参建各方之间的关系，定期召开生产协调会议，及时发现、解决影响工程进度的干扰因素，促进施工项目的顺利进展。

7.2.7　施工进度计划的调整应符合下列规定：

1　监理机构在检查中发现实际工程进度与施工进度计划发生了实质性偏离时，应要求施工单位及时调整施工进度计划。

2　监理机构应根据工程变更情况，公正、公平处理工程变更所引起的工期变化事宜。当工程变更影响施工进度计划时，监理机构应指示施工单位编制变更后的施工进度计划。

3　监理机构应依据施工合同和施工进度计划及实际工程进度记录，审查施工单位提交的工期索赔申请，提出索赔处理意见报项目承担单位（项目法人）。

4　施工进度计划的调整涉及总工期目标、阶段目标、资金使用等发生较大的变化时，监理机构应提出处理意见报项目承担单位（项目法人）批准。

7.2.8　停工与复工应符合下列规定：

1　在发生下列情况之一时，监理机构可视情况决定是否下达暂停施工通知：

1）项目承担单位（项目法人）要求暂停施工时。

2）施工单位未经许可即进行主体工程施工时。

3）施工单位未按照批准的施工组织设计或工法施工，并且可能会出现工程质量问题或造成安全事故隐患时。

4）施工单位有违反施工合同的行为时。

2　在发生下列情况之一时，监理机构应下达暂停施工通知：

1）工程继续施工将会对第三者或社会公共利益造成损害时。

2）为了保证工程质量、安全所必要时。

3）发生了须暂时停止施工的紧急事件时。

4）施工单位拒绝服从监理机构的管理，不执行监理机构的指示，从而将对工程质量、进度和投资控制产生严重影响时。

5）其他应下达暂停施工通知的情况时。

3　监理机构下达暂停施工通知，应征得项目承担单位（项目法人）同意。项目承担单位（项目法人）应在收到监理机构暂停施工通知报告后，在约定时间内予以答复；若项目承担单位（项目法人）逾期未答复，则视为其已同意，监理机构可据此下达暂停施工通知，并根据停工的影响范围和程度,明确停工范围。

4 若由于项目承担单位(项目法人)的责任需要暂停施工,监理机构未及时下达暂停施工通知时,在施工单位提出暂停施工的申请后,监理机构应在施工合同约定的时间内予以答复。

5 下达暂停施工通知后,监理机构应指示施工单位妥善照管工程,并督促有关方及时采取有效措施,排除影响因素,为尽早复工创造条件。

6 在具备复工条件后,监理机构应及时签发复工通知,明确复工范围,并督促施工单位执行。

7 监理机构应及时按施工合同约定处理因工程停工引起的与工期、费用等有关的问题。

7.2.9 由于施工单位的原因造成施工进度拖延,可能致使工程不能按合同工期完工,或项目承担单位(项目法人)要求提前完工,监理机构应指示施工单位调整施工进度计划,编制赶工措施报告,在审批后发布赶工指示,并督促施工单位执行。

监理机构应按照施工合同约定处理因赶工引起的费用事宜。

7.2.10 监理机构应督促施工单位按施工合同约定按时提交月、年施工进度报告。

8 工程造价控制

8.1 工程造价控制依据

8.1.1 工程建设有关合同及相关文件,包括承包合同、设备供应合同、协议等。
8.1.2 批准的设计文件,包括设计编制说明、设计图纸、工程预算、设计变更等。
8.1.3 经验收合格的工程及工程量。
8.1.4 批准的设计文件采用的土地开发整理项目预算定额标准、市场价格信息及相关规定等。

8.2 工程造价控制原则

8.2.1 监理机构应严格执行合同约定的合同价、单价、工程量计算规则和工程款支付方法。
8.2.2 在监理机构签发的施工图纸(包括设计变更通知)所确定的建筑物设计轮廓线和施工合同文件约定应扣除或增加计量的范围内,应按有关规定及施工合同文件约定的计量方法和计量单位进行计量。只有计量结果被认可,监理机构方可受理施工单位提交的付款申请。
8.2.3 监理机构对报验资料不齐全或经监理工程师验收不合格的工程不予计量和审核。
8.2.4 监理机构对工程量及工程款的审核应在合同约定的时限内完成。
8.2.5 施工单位因申请资料不全或不符合要求,造成付款证书签证延误,由施工单位承担责任。
8.2.6 施工单位未经监理机构签字确认,项目承担单位(项目法人)不应支付工程款项。
8.2.7 监理机构应根据施工合同约定进行价格调整,公正、合理地处理由于工程变更和工程延期等原因引起的费用增减。
8.2.8 监理机构对有争议的工程计量和工程款支付,及时与项目承担单位(项目法人)、施工单位及相关方进行协商,取得一致意见后,总监理工程师签发工程款支付证书;协商无效时,执行承包合同约定的有关争议调解的条款。

8.3 工程计量

8.3.1 工程开工前,施工单位按有关规定或承包合同约定对原始地面地形及计量起始位置进行测量,填写《施工测量成果报验表》,报监理机构审核。
8.3.2 施工单位对已验收合格的单元工程(工序)应及时向监理机构提交《工程计量报验单》,监理机构应审查计量项目、范围、方式和测量器具的有效性,若发现问题,或不具备计量条件时,应督促施工单位进行修改和调整,符合计量条件要求,方可进行计量。

8.3.3 施工单位以计日工方式完成的工作内容，应填写《计日工工程量签证单》，报监理机构和项目承担单位（项目法人）签认。

8.3.4 监理机构应会同施工单位共同进行工程计量；或监督施工单位的计量过程，确认计量结果；或依据施工合同约定进行抽样复核。

8.3.5 在付款申请签认前，监理机构应对支付工程量汇总成果进行审查。若发现计量有误，可重新进行审核、计量，进行必要的修正与调整。

8.3.6 监理机构按月完成工程量统计，与计划完成量进行分析、比较，制定调整措施，在监理月报中向项目承担单位（项目法人）报告。

8.3.7 当施工单位完成合同计价项目的全部工程量后，监理机构应要求施工单位与其共同对每个项目的历次计量报表进行汇总和总体量测，监理机构应核实合同项目最终计量。

8.4 工程款支付

8.4.1 监理机构在接到施工单位付款申请后，应在施工合同约定时间内完成审核。付款申请应符合以下要求：

1 付款申请表填写符合规定，证明材料齐全。

2 申请付款项目、范围、内容、方式符合施工合同约定。

3 工程质量检验签证齐备。

4 工程计量有效、准确。

5 付款单价及合价无误。

8.4.2 监理机构在收到施工单位的工程（材料）预付款申请后，应审核施工单位获得工程（材料）预付款已具备的条件。条件具备、额度准确时，总监理工程师可签发工程（材料）预付款付款证书。监理机构应在审核工程价款月支付申请的同时审核工程（材料）预付款应扣回的额度，并汇总已扣回的工程（材料）预付款总额。

8.4.3 工程价款月支付应符合下列规定：

1 工程价款月支付每月一次。在施工过程中，监理机构应审核施工单位提出的月付款申请，同意后签发工程价款月付款证书。

2 工程价款月支付申请包括以下内容：

1）本月已完成并经监理机构签认的工程项目应付金额。

2）经监理机构签认的当月计日工的应付金额。

3）工程材料预付款金额。

4）价格调整金额。

5）施工单位有权得到的其他金额。

6）工程预付款和工程材料预付款扣回金额。

7）保留金扣留金额。

8）合同双方争议解决后的相关支付金额。

3 工程价款月支付属工程施工合同的中间支付，监理机构可按照施工合同的约定，对中间支付的金额进行修正和调整，并签发付款证书。

8.4.4 工程变更支付。监理机构应依照施工合同约定或工程变更指示所确定的工程款支付程序、办法及工程变更项目施工进展情况，在工程价款月支付的同时进行工程变更支付。

8.4.5 计日工支付应符合下列规定：

1 监理机构根据项目承担单位（项目法人）的通知指示施工单位以计日工方式完成一些未包括在施工合同中的特殊的、零星的、设计漏项的或紧急的工作内容。在指示下达后，监理机构应检查和督促施工单位按指示的要求实施，完成后确认其计日工工作量，并签发有关付款证明。

2 监理机构在下达指示前应取得项目承担单位（项目法人）批准。施工单位可将计日工支付随工程价款月支付一同申请。

8.4.6 保留金支付应符合下列规定：

1 合同项目完工并签发工程移交证书之后，监理机构应征得项目承担单位（项目法人）同意后按施工合同约定的程序和数额签发保留金付款证书。

2 当工程保修期满之后，监理机构应签发剩余的保留金付款证书。如果监理机构认为还有部分剩余缺陷工程需要处理，报项目承担单位（项目法人）同意后，可在剩余的保留金付款证书中扣留与处理工作所需费用相应的保留金余款，直到工作全部完成后支付完全部保留金。

8.4.7 完工支付应符合下列规定：

1 监理机构应及时审核施工单位在收到工程移交证书后提交的完工付款申请及支持性资料，签发完工付款证书，报项目承担单位（项目法人）批准。

2 审核内容：

1）到移交证书上注明的完工日期止，施工单位按施工合同约定累计完成的工程金额。

2）施工单位认为还应得到的其他金额。

3）项目承担单位（项目法人）认为还应支付或扣除的其他金额。

8.4.8 最终支付应符合下列规定：

1 监理机构应及时审核施工单位在收到保修责任终止证书后提交的最终付款申请及结清单，签发最终付款证书，报项目承担单位（项目法人）批准。

2 审核内容：

1）施工单位按施工合同约定和经监理机构批准已完成的全部工程金额。

2）施工单位认为还应得到的其他金额。

3）项目承担单位（项目法人）认为还应支付或扣除的其他金额。

8.4.9 施工合同解除后的支付应符合下列规定：

1 因施工单位违约造成施工合同解除的支付。监理机构应就合同解除前施工单位应得到但未支付的下列工程价款和费用签发付款证书，但应扣除根据施工合同约定应由施工单位承担的违约费用：

1）已实施的永久工程合同金额。

2）工程量清单中列有的、已实施的临时工程合同金额和计日工金额。

3）为合同项目施工合理采购、制备的材料、构配件、工程设备的费用。

4）施工单位依据有关规定、约定应得到的其他费用。

2 因项目承担单位(项目法人)违约造成施工合同解除的支付。监理机构应就合同解除前施工单位所应得到但未支付的下列工程价款和费用签发付款证书:

1)已实施的永久工程合同金额。

2)工程量清单中列有的、已实施的临时工程合同金额和计日工金额。

3)为合同项目施工合理采购、制备的材料、构配件、工程设备的费用。

4)施工单位退场费用。

5)由于解除施工合同给施工单位造成的直接损失。

6)施工单位依据有关规定、约定应得到的其他费用。

3 因不可抗力致使施工合同解除的支付。监理机构应根据施工合同约定,就施工单位应得到但未支付的下列工程价款和费用签发付款证书:

1)已实施的永久工程合同金额。

2)工程量清单中列有的、已实施的临时工程合同金额和计日工金额。

3)为合同项目施工合理采购、制备的材料、构配件、工程设备的费用。

4)施工单位依据有关规定、约定应得到的其他费用。

4 上述付款证书均应报项目承担单位(项目法人)批准。

5 监理机构应按施工合同约定,协助项目承担单位(项目法人)及时办理施工合同解除后的工程接收工作。

9 安全生产管理

9.1 安全生产管理的原则

9.1.1 河南省土地整治工程施工安全生产管理，按照“以人为本”的理念，贯彻“安全第一，预防为主，综合治理”的方针，坚持“管生产必须管安全、谁主管谁负责”的原则，依靠科学管理和技术进步，全面加强企业安全生产管理，健全规章制度，完善安全标准，提高企业技术水平，夯实安全生产基础。

9.1.2 河南省土地整治工程施工安全生产管理，应实行项目承担单位（项目法人）统一领导，监理单位现场监督，施工单位为责任主体，勘察（测）单位、设计单位及其他与土地整治工程建设安全生产有关的单位各负其责的管理体制。

9.1.3 项目承担单位（项目法人）在对施工投标单位进行资格审查时，应当对投标单位的主要负责人、项目负责人以及专职安全生产管理人员是否按规定经省级以上有关行政主管部门安全生产考核合格进行审查。有关人员未经考核合格的，不得认定投标单位的投标资格。

9.1.4 项目承担单位（项目法人）应当组织监理、施工、设计等单位制订生产安全事故应急救援预案。应急救援预案应包括紧急救援的组织机构、人员配备、物资准备、人员财产救援措施、事故分析与报告等方面的内容。

9.1.5 项目承担单位（项目法人）应加强与气象、水文等部门的联系，及时掌握气温、雨雪、风暴和汛情等预报，建立应急救援组织，配备应急救援器材，并定期组织应急救援演练。

9.1.6 承担河南省土地整治工程的施工单位应当在依法取得安全生产许可证后，方可从事工程施工活动。

9.1.7 承担河南省土地整治工程的施工单位的主要负责人、项目负责人、专职安全生产管理人员应当按规定经省级以上有关行政主管部门安全生产考核合格后方可任职。

1 施工单位主要负责人依法对本单位的安全生产工作全面负责。施工单位应当建立健全安全生产责任制度和安全生产教育培训制度，制定安全生产规章制度和操作规程，保证本单位建立和完善安全生产条件所需资金的投入，对所承担的河南省土地整治工程进行定期和专项安全检查，并做好安全检查记录。

2 施工单位的项目负责人应当由取得相应执业资格的人员担任，对工程建设项目的安全施工负责，落实安全生产责任制度、安全生产规章制度和操作规程，确保安全生产费用的有效使用，并根据工程的特点组织制定安全施工措施，消除安全事故隐患，及时、如实报告生产安全事故。

3 专职安全生产管理人员负责对安全生产进行现场监督检查。发现生产安全事故隐患，应当及时向项目负责人报告；对违章指挥、违章操作的，应当立即制止。

9.1.8 河南省土地整治工程的施工单位在工程报价中应当包含工程施工安全生产费用。对合同中的安全生产费用,应当用于施工安全防护用具及设施的采购和更新、安全施工措施的落实、安全生产条件的改善等,不得挪作他用。

9.1.9 垂直运输机械作业人员、安装拆卸工、爆破作业人员、起重信号工、登高架设作业人员等特种作业人员,应按照国家有关规定经过专门的安全作业培训,并取得特种作业操作资格证书后,方可上岗作业。

9.1.10 监理机构应依据法律、法规、规章和规定,督促施工单位加强工程施工安全生产管理,履行相应的安全生产责任,落实相关安全生产措施,控制和减少工程施工事故发生,保障人民生命财产安全。

9.1.11 监理机构应根据施工合同约定,协助项目承担单位(项目法人)进行施工安全的检查、监督。

9.1.12 参加工程施工安全管理和施工作业的人员应熟悉掌握所从事专业和相关专业工程的安全技术要求,严格遵守安全操作规程。

9.2 监理机构的施工安全管理

9.2.1 总监理工程师对工程的安全监理工作负总责。监理人员宜通过专门的安全培训并取得合格证书。监理人员对施工安全进行监督检查,并对各自承担的安全监理工作负责。

9.2.2 监理机构应监督检查工程开工前施工单位的施工安全管理情况:

1 施工单位的施工安全保障体系和安全管理规章制度建立健全情况。

2 施工单位派驻现场的项目负责人、专职安全生产管理人员是否与施工合同文件一致,是否有按规定取得的有效安全生产考核合格证书。

3 施工单位派驻现场的特种作业人员是否与施工合同文件一致,是否有按规定取得的有效合格证书和操作资格证书。

4 施工单位对职工进行施工安全教育和培训情况。

9.2.3 监理机构应对施工技术方案中的施工安全措施或者专项安全施工方案进行审查。

9.2.4 监理机构应对施工单位安全技术交底情况进行审查,并对执行落实情况进行跟踪检查。施工单位安全技术交底应在施工作业前进行,安全技术交底应具体、明确、针对性强。施工单位在没有交底前不准施工作业。被交底者在执行过程中,必须接受工程项目部的管理、检查、监督、指导,交底人也必须深入现场,检查交底后的执行落实情况,发现有不安全因素,应立即采取有效措施,杜绝事故隐患。

9.2.5 工程施工过程中,监理机构应对施工单位执行施工安全法律、法规、规定以及施工安全措施或者专项安全施工方案的情况进行监督、检查。发现存在不安全因素和生产安全事故隐患的,监理机构应当要求施工单位采取有效措施整改;若存在施工单位延误或拒绝整改等情况严重的,可责令施工单位暂时停止施工;发现存在重大安全隐患时,应立即责令施工单位停工,做好防患措施,及时向项目承担单位(项目法人)报告。当发生施工安全事故时,监理机构应协助项目承担单位(项目法人)按规定进行安全事故的调查处理工作。

9.2.6 监理机构应对施工单位实际发生的施工安全生产费用情况进行审核。

9.2.7 监理机构应按施工合同要求对施工单位报验的施工机械设备设施进行审查,并加强施工过程中的监督检查。

9.2.8 监理机构应当对施工单位从业人员进行安全生产教育和培训情况进行检查,保证从业人员具备必要的安全生产知识,熟悉有关的安全生产规章制度和安全操作规程,掌握本岗位的安全操作技能。未经安全生产教育和培训不合格的从业人员,不得上岗作业。

9.2.9 监理机构应对施工单位采用新技术、新工艺、新设备、新材料情况进行监督检查,应根据新技术、新工艺、新设备、新材料的技术说明书、使用说明书、技术操作要求等,要求施工单位对作业人员进行相应的安全生产教育培训情况进行检查。

9.2.10 监理机构应对有度汛任务的施工单位的度汛方案和防汛预案的准备情况进行检查。

9.2.11 监理机构应当协助项目承担单位(项目法人)对应急救援预案情况和应急救援演练进行检查。

9.2.12 监理机构应定期巡视检查重大危险源及危险性较大工程的作业情况。

10 文明施工与环境保护

10.1 文明施工

10.1.1 监理机构应督促施工单位积极推行创建河南省土地整治工程“文明工地”活动。

10.1.2 监理机构应对施工单位文明施工的基本规定进行监督检查：

1 施工现场及各项目部的入口处应设置“五牌一图”等标示牌，即工程概况牌、主要管理人员名单及监督电话牌、消防保卫牌、安全生产牌、文明施工纪律牌、施工现场平面图。

2 施工用房和生活用房不应乱搭乱建。

3 施工道路平整、畅通，安全警示标志、设施齐全。

4 风、水、电管线、通信设施、施工照明等布置合理，安全标志清晰。

5 施工机械设备定点存放，车容机貌整洁，材料工具摆放有序，工完场清。

6 消防器材齐全，通道畅通。

7 施工脚手架、吊篮、通道、爬梯、护栏、安全网等安全防护设施完善、可靠，安全警示标志醒目。

8 采取有效措施控制尘、毒、噪声等危害，废渣、污水处理符合规定标准。

9 办公区、生活区清洁卫生、环境优美。

10.1.3 监理机构应对施工单位文明施工现场作业人员进行监督检查：

1 进入施工现场，应按规定穿戴安全帽、工作服、工作鞋等防护用品，正确使用安全绳、安全带等安全防护用具及工具，严禁穿拖鞋、高跟鞋或赤脚进入施工现场。

2 应遵守岗位责任制和执行交接班制度，坚守工作岗位，不应擅离岗位或从事与岗位无关的事情。未经许可，不应将自己的工作交给别人，更不应随意操作别人的机械设备。

3 严禁酒后作业。

4 严禁在铁路、公路、洞口、陡坡、高处及水上边缘、滚石坍塌地段、设备运行通道等危险地带停留和休息。

5 上下班应按规定的道路行走，严禁跳车、爬车、强行搭车。

6 起重机、挖掘机等施工作业时，非作业人员严禁进入其工作范围内。

7 高处作业时，不应向外、向下抛掷物件。

8 严禁乱拉电源线路和随意移动、启动机电设备。

9 不应随意移动、拆除、损坏安全卫生及环境保护设施和警示标志。

10.1.4 监理机构应认真审核施工单位报送的施工组织设计中的各项文明施工措施，并监督实施。

10.1.5 监理机构应对施工现场文明施工进行检查验收。施工单位是项目文明施工的主体,负责文明施工的全过程管理。在工程开工前,应将文明施工纳入工程施工组织设计,建立、健全组织机构及各项文明施工措施,并应保证各项制度和措施的有效实施和落实。

10.2 环境保护

10.2.1 工程项目开工前,监理机构应督促施工单位按相关环境保护的法律、法规、规定和施工合同约定,编制施工环境管理和保护方案,并对现场办公、生活区的选址及设置是否符合职业卫生和环境保护要求等情况进行检查。

10.2.2 监理机构应监督施工单位避免对施工区域的植物、生物建筑物的破坏。

10.2.3 监理机构应要求施工单位采取有效措施对施工中开挖的边坡及时进行支护和做好排水措施,尽量避免对植被的破坏并对受到破坏的植被及时采取恢复措施。

10.2.4 监理机构应监督施工单位严格按照批准的弃渣规划有序地堆放、处理和利用废渣,防止任意弃渣造成环境污染,影响河道行洪能力和其他施工单位的施工。

10.2.5 监理机构应监督施工单位严格执行有关规定,加强对噪声、粉尘、废气、废水、废油的控制,并按施工合同约定进行处理。

10.2.6 监理机构应对施工单位的施工区和生活区的环境卫生进行监督检查,减少施工对环境的危害和污染,及时清除垃圾和废弃物,并运至指定地点进行处理。进入现场的材料、设备应有序放置。

10.2.7 监理机构应对施工单位职业卫生管理规章制度和施工人员职业健康档案的建立情况进行监督检查。

10.2.8 工程完工后,监理机构应监督施工单位按施工合同约定拆除施工临时设施,清理场地,做好环境恢复等工作。

11 合同管理的其他工作

11.1 工程暂停及复工管理

11.1.1 发生下列情况之一时，根据暂停工程影响范围和影响程度，总监理工程师可签发《暂停施工通知》。

1 项目承担单位（项目法人）要求暂停施工，且工程需要暂停施工。

2 出现或可能出现工程质量问题，必须停工处理。

3 出现安全隐患，为避免造成人身、财产损失，必须停工处理。

4 施工单位未经许可擅自施工，或拒绝监理机构监督管理。

5 发生了必须停止施工的紧急事件。

11.1.2 总监理工程师签发《暂停施工通知》前应征求项目承担单位（项目法人）的意见。

11.1.3 工程暂停前，施工单位应将已完成工程量报监理机构审核，并在暂停期间保护该部分和全部工程免受损失或损害。

11.1.4 总监理工程师在施工暂停因素消失具备复工条件时，及时签署《复工通知》，指令施工单位继续施工。

11.1.5 签发工程暂停令后，监理机构应会同有关各方按照合同约定，组织处理好因工程暂停引起的工期、费用等有关问题，并如实记录所发生的实际情况。

11.2 工程变更管理

11.2.1 工程变更的提出、审查、批准、实施等过程应按国家和省国土资源主管部门有关规定及施工合同约定的程序进行。

11.2.2 项目承担单位（项目法人）、施工单位、监理单位不得修改工程设计文件；确需修改工程设计文件的，应当由原工程设计单位修改。设计单位对修改的设计文件承担责任。

11.2.3 施工单位、监理单位发现工程设计文件不符合国家和省国土资源主管部门有关规定、合同约定的质量要求的，应当报告项目承担单位（项目法人），项目承担单位（项目法人）有权要求工程设计单位对工程设计文件进行补充、修改。

11.2.4 根据工程需要，监理机构经项目承担单位（项目法人）同意，指示施工单位实施下列各种类型的变更：

1 增加或减少施工合同中的任何一项工作内容。

2 取消施工合同中任何一项工作。

3 改变施工合同中任何一项工作的标准或性质。

4 改变工程建筑物的形式、基线、标高、位置或尺寸。

5 改变施工合同中任何一项工程经批准的施工计划、施工方案。

6 追加为完成工程所需的任何额外工作。

11.2.5 工程变更的提出：

1 项目承担单位(项目法人)可依据施工合同约定或工程需要提出工程变更建议。

2 设计单位可依据有关规定或设计合同约定在其职责与权限范围内提出对工程设计文件的变更建议。

3 施工单位可依据监理机构的指示,或根据工程现场实际施工情况提出变更建议。

4 监理机构可依据有关规定、规范,或根据现场实际情况提出变更建议。

11.2.6 工程变更建议的提交：

1 工程变更建议提出时,应充分考虑留有为设计单位进行变更设计,项目承担单位(项目法人)与监理机构对变更建议进行审核、报有批准权限的部门批准,施工单位进行准备及施工的合理时间。

2 在特殊情况下,如出现危及人身、工程安全或财产严重损失的紧急事件时,工程变更不受时间限制,但监理机构仍应督促变更提出单位及时补办相关手续。

11.2.7 工程变更审查：

1 监理机构对工程变更建议审查应符合下列要求：

1)变更后不降低工程质量标准,不影响工程完建后的功能和使用寿命。

2)工程变更在施工技术上可行、可靠。

3)工程变更引起的费用及工期变化经济合理。

4)工程变更不对后续施工产生不良影响。

2 监理机构审核施工单位提交的工程变更报价时,应按下述原则处理：

1)如果施工合同工程量清单中有适用于变更工作内容的项目,应采用该项目的单价或合价。

2)如果施工合同工程量清单中无适用于变更工作内容的项目,可引用施工合同工程量清单中类似项目的单价或合价作为合同双方变更议价的基础。

3)如果施工合同工程量清单中无此类似项目的单价或合价,或单价或合价明显不合理或不适用的,经协商后由施工单位依照招标文件确定的原则和编制依据重新编制单价或合价,经监理机构审核后,报项目承担单位(项目法人)确认。

11.2.8 工程变更的实施：

1 经监理机构审查同意的工程变更建议需报项目承担单位(项目法人)批准。

2 经项目承担单位(项目法人)批准的工程变更,应由项目承担单位(项目法人)委托原设计单位负责完成具体的工程变更设计或审核工作。

3 监理机构核查工程变更设计文件、图纸后,应向施工单位下达工程变更指示,施工单位据此组织工程变更的实施。

11.2.9 发生较大或重大工程变更时,项目承担单位(项目法人)应按规定报有权限审批的单位批准。

11.3 索赔管理

11.3.1 监理机构应受理施工单位和项目承担单位(项目法人)提起的合同索赔,但不接受未按施工合同约定的索赔程序和时限提出的索赔要求。

11.3.2 监理机构在收到施工单位的索赔意向通知后,应核查施工单位的当时记录,指示施工单位做好延续记录,并要求施工单位提供进一步的支持性资料。

11.3.3 监理机构在收到施工单位的中期索赔申请报告或最终索赔申请报告后,应进行以下工作:

1 依据施工合同约定,对索赔的有效性、合理性进行分析和评价。

2 对索赔支持性资料的真实性逐一进行分析和审核。

3 对索赔的计算依据、计算方法、计算过程、计算结果及其合理性逐项进行审查。

4 对于由施工合同双方共同责任造成的经济损失或工期延误,应通过协商一致,公平合理地确定双方分担的比例。

5 必要时要求施工单位再提供进一步的支持性资料。

11.3.4 监理机构应在施工合同约定的时间内做出对索赔申请报告的处理决定,报送项目承担单位(项目法人)并抄送施工单位。若合同双方或其中任一方不接受监理机构的处理决定,则按争议解决的有关约定或诉讼程序进行解决。

11.3.5 监理机构在施工单位提交了完工付款申请后,不再接受施工单位提出的在工程移交证书颁发前所发生的任何索赔事项;在施工单位提交了最终付款申请后,不再接受施工单位提出的任何索赔事项。

11.4 违约管理

11.4.1 对于施工单位违约,监理机构应依据施工合同约定进行下列工作:

1 在及时进行查证和认定事实的基础上,对违约事件的后果做出判断。

2 及时向施工单位发出书面警告,限其在收到书面警告后的规定时限内予以弥补和纠正。

3 在施工单位收到书面警告的规定时限内仍不采取有效措施纠正其违约行为或继续违约,严重影响工程质量、进度,甚至危及工程安全时,监理机构应限令其停工整改,并要求施工单位在规定时限内提交整改报告。

4 在施工单位继续严重违约时,监理机构应及时向项目承担单位(项目法人)报告,说明施工单位违约情况及其可能造成的影响。

5 当项目承担单位(项目法人)向施工单位发出解除合同通知后,监理机构应协助项目承担单位(项目法人)按照合同约定派员进驻现场接收工程,处理解除合同后的有关合同事宜。

11.4.2 对于项目承担单位(项目法人)违约,监理机构应按施工合同约定进行下列工作:

1 由于项目承担单位(项目法人)违约,致使工程施工无法正常进行,在收到施工单位书面要求后,监理机构应与项目承担单位(项目法人)协商,解决违约行为,并促使施工单位尽快恢复正常施工。

2 在施工单位提出解除施工合同要求后,监理机构应协助项目承担单位(项目法人)尽快进行调查、认证和澄清工作,并在此基础上,按有关规定和施工合同约定处理解除施工合同后的有关合同事宜。

11.5 工程保险

11.5.1 监理机构应督促施工单位按施工合同约定的险种办理应由施工单位投保的保险,并要求施工单位在向项目承担单位(项目法人)提交各项保险单副本的同时抄报监理机构。

11.5.2 监理机构应按施工合同约定对施工单位投保的保险种类、保险额度、保险有效期等进行检查。

11.5.3 当监理机构确认施工单位未按施工合同约定办理保险时,应指示施工单位尽快补办保险手续。

11.5.4 当施工单位已按施工合同约定办理了保险,其为履行合同义务所遭受的损失不能从承保人处获得足额赔偿时,监理机构在接到施工单位申请后,应依据施工合同约定界定风险与责任,确认责任者或合理划分合同双方分担保险赔偿不足部分费用的比例。

11.5.5 监理机构现场人员在执行监理合同期间应按规定办理人身意外伤害险。

11.6 工程分包管理

11.6.1 监理机构在施工合同约定允许分包的工程项目范围内,对施工单位的分包申请进行审核,并报项目承担单位(项目法人)批准。

11.6.2 只有在分包项目最终获得项目承担单位(项目法人)批准,施工单位与具有相应资质条件的分包单位签订了分包合同后,监理机构才能允许分包单位进入工地。

11.6.3 分包的管理

1 监理机构应要求施工单位加强对分包单位和分包工程项目的管理,加强对分包单位履行合同的监督。

2 分包工程项目的施工技术方案、开工申请、工程质量检验、工程变更和合同支付等,分包单位应通过施工单位向监理机构申报。

3 分包工程只有在施工单位检验合格后,才可由施工单位向监理机构提交验收申请报告。

11.7 其他

11.7.1 化石和文物保护应符合下列规定:

1 一旦在施工现场发现化石、钱币、有价值的物品或文物、古建筑结构以及有地质或考古价值的其他遗物,监理机构应立即指示施工单位按有关文物管理规定采取有效保护措施,防止任何人移动或损害上述物品,并立即通知项目承担单位(项目法人)。必要时,可下达暂停施工通知。

2 监理机构应审核施工单位由于对文物采取保护措施而提出的申请,并报项目承担单位(项目法人)批准后实施。

11.7.2 施工合同解除。监理机构在收到施工合同解除的任何书面通知或要求后,应认真分析合同解除的原因、责任和由此产生的后果,并按施工合同约定处理合同解除和解除后的有关合同事宜。

11.7.3 争议的解决。争议解决期间,监理机构应督促项目承担单位(项目法人)和施工单位仍按监理机构就争议问题做出的暂时决定履行各自的职责,并明示双方,根据有关法律、法规或规定,任何一方均不得以争议解决未果为借口拒绝或拖延按施工合同约定应进行的工作。

11.7.4 清场与撤离应符合下列规定:

1 监理机构应依据有关规定或施工合同约定,在签发工程移交证书前或在保修期满前,监督施工单位完成施工场地的清理,做好环境恢复工作。

2 监理机构应在工程移交证书颁发后的约定时间内,检查施工单位在保修期内为完成尾工和修复缺陷应留在现场的人员、材料和施工设备情况,其余施工单位的其余人员、材料和施工设备均应按批准的计划退场。

12 信息与档案管理

12.0.1 监理机构应建立包括下列内容的监理信息管理体系:

1 设置信息管理人员并制定相应岗位职责。

2 制定包括监理文件资料收集、分类、整编、归档、保管、传阅、查阅、复制、移交、保密等制度。

3 制定包括资料签收、送阅与归档程序及文件起草、打印、校核、签发、传递等在内的监理文件资料的管理程序。

4 文件、报表格式:

1)常用报告、报表格式应采用本规程附录C所列的标准格式。

2)文件格式应遵守国家及有关部门发布的公文管理格式,如文号、签发、标题、主送与抄送、密级、日期、纸型、版式、字体、份数等。

5 建立信息目录分类清单、信息编码体系,确定监理信息资料内部分类归档方案。

6 建立信息采集、分析、整理、保管、归档、查询系统及计算机辅助信息管理系统。

12.0.2 监理文件资料应符合下列规定:

1 按规定程序起草、打印、校核、签发监理文件。

2 监理文件应表述明确、数字准确、简明扼要、用语规范、引用依据恰当。

3 按规定格式编写监理文件,紧急文件应注明"急件"字样,有保密要求的文件应注明密级。

12.0.3 通知与联络应符合下列规定:

1 监理机构与项目承担单位(项目法人)和施工单位以及与其他人的联络应以书面文件为准。在特殊情况下可先口头或电话通知,但事后应按施工合同约定及时予以书面确认。

2 监理机构发出的书面文件,应加盖监理机构公章,总监理工程师或其授权的监理工程师签字并加盖本人注册印鉴。

3 监理机构发出的文件应做好签发记录,并根据文件类别和规定的发送程序,送达对方指定联系人,并由收件方指定联系人签收。

4 监理机构对所有来往文件均应按施工合同约定的期限及时发出和答复,不得扣压或拖延,也不得拒收。

5 监理机构收到政府有关管理部门和项目承担单位(项目法人)、施工单位的文件,均应按规定程序办理签收、送阅、收回和归档等手续。

6 在监理合同约定期限内,项目承担单位(项目法人)应就监理机构书面提交并要求其做出决定的事宜予以书面答复;超过期限,监理机构未收到项目承担单位(项目法人)的书面答复,则视为项目承担单位(项目法人)同意。

7 对于施工单位提出要求确认的事宜,监理机构应在约定时间内做出书面答复,逾期未答复,则视为监理机构认可。

12.0.4 文件的传递应符合下列规定：

1 除施工合同另有约定外，文件应按下列程序传递：

1）施工单位向项目承担单位（项目法人）报送的文件均应报送监理机构，经监理机构审核后转报项目承担单位（项目法人）。

2）项目承担单位（项目法人）关于工程施工中与施工单位有关事宜的决定，均应通过监理机构通知施工单位。

2 所有来往的文件，除书面文件外还宜同时发送电子文档。

3 不符合文件报送程序规定的文件，均视为无效文件。

12.0.5 监理日志、报告与会议纪要应符合下列规定：

1 监理人员应及时、认真地按照规定格式与内容填写好监理日志。总监理工程师应定期检查。

2 监理机构应在每月的固定时间，向项目承担单位（项目法人）、监理单位报送监理月报。

3 监理机构应根据工程进展情况和现场施工情况，向项目承担单位（项目法人）、监理单位报送监理专题报告。

4 监理机构应按照有关规定，在各类工程验收时，提交相应的验收监理工作报告。

5 在监理服务期满后，监理机构应向项目承担单位（项目法人）、监理单位提交项目监理工作总结报告。

6 监理机构应对各类监理会议安排专人负责做好记录和会议纪要的编写工作。会议纪要应分发与会各方，但不作为实施的依据。监理机构及与会各方应根据会议决定的各项事宜，另行发布监理指示或履行相应文件程序。

12.0.6 档案资料管理应符合下列规定：

1 监理机构应督促施工单位按有关规定和施工合同约定做好工程资料档案的管理工作。

2 监理机构应按有关规定及监理合同约定，做好监理资料档案的管理工作。凡要求立卷归档的资料，应按照规定及时归档。

3 监理资料档案应妥善保管。

4 在监理服务期满后，对应由监理机构负责归档的工程资料档案逐项清点、整编、登记造册，向项目承担单位（项目法人）移交。

13 工程验收与移交

13.0.1 监理机构应按照国家和省有关规定做好各时段工程验收的监理工作，其主要职责如下：

1 协助项目承担单位（项目法人）制订各时段验收工作计划。

2 编写各时段工程验收的监理工作报告，整理监理机构应提交和提供的验收资料。

3 参加分部工程验收、单位工程验收、竣工验收。

4 督促施工单位提交验收报告和相关资料并协助项目承担单位（项目法人）进行审核。

5 督促施工单位按照验收鉴定书中对遗留问题提出的处理意见完成处理工作。

6 验收通过后及时签发工程移交证书。

13.0.2 分部工程验收应符合下列规定：

1 在施工单位提出验收申请后，监理机构应组织检查分部工程的完成情况并审核施工单位提交的分部工程验收资料。监理机构应指示施工单位对提供的资料中存在的问题进行补充、修正。

2 监理机构应在分部工程的所有单元工程已经完建且质量全部合格、资料齐全时，提请项目承担单位（项目法人）及时进行分部工程验收。

3 监理机构应参加分部工程验收工作，并在验收前准备应由其提交的验收资料和提供的验收备查资料。

4 分部工程验收通过后，监理机构应协助项目承担单位（项目法人）签署《分部工程验收签证》，并督促施工单位按照《分部工程验收签证》中提出的遗留问题及时进行完善和处理。

13.0.3 单位工程验收应符合下列规定：

1 监理机构应参加单位工程验收工作，并在验收前按规定提交和提供单位工程验收监理工作报告和相关资料。

2 在单位工程验收前，监理机构应督促施工单位提交单位工程验收施工管理工作报告和相关资料，并进行审核，指示施工单位对报告和资料中存在的问题进行补充、修正。

3 在单位工程验收前，监理机构应协助项目承担单位（项目法人）检查单位工程验收应具备的条件，检验分部工程验收中提出的遗留问题的处理情况，并参加单位工程质量评定。

4 督促施工单位提交针对验收中提出的遗留问题的处理方案和实施计划，并进行审批。

13.0.4 单项工程验收应符合下列规定：

1 监理机构应参加单项工程验收工作，并在验收前按规定提交和提供单项工程验收监理工作报告和相关资料。

2 在单项工程验收前，监理机构应督促施工单位提交单项工程验收施工管理工作报告和相关资料,并进行审核,指示施工单位对报告和资料中存在的问题进行补充、修正。

3 在单项工程验收前,监理机构应协助项目承担单位(项目法人)检查单项工程验收应具备的条件,检验单位工程验收中提出的遗留问题的处理情况,并参加单项工程质量评定。

4 督促施工单位提交针对验收中提出的遗留问题的处理方案和实施计划,并进行审批。

13.0.5 合同项目完工验收应符合下列规定:

1 当施工单位按施工合同约定或监理指示完成所有施工工作时,监理机构应及时提请项目承担单位(项目法人)组织合同项目完工验收。

2 监理机构应在合同项目完工验收前,按规定整编资料,提交合同项目完工验收监理工作报告。

3 监理机构应在合同项目完工验收前,检验前述验收后尾工项目的实施和质量缺陷的修补情况;审核拟在保修期实施的尾工项目清单;督促施工单位按有关规定和施工合同约定汇总、整编全部合同项目的归档资料,并进行审核。

4 督促施工单位提交针对已完工程中存在质量缺陷和遗留问题的处理方案和实施计划,并进行审批。

13.0.6 竣工验收时监理机构应做好以下工作:

1 监理机构应列席工程项目竣工验收会议。

2 监理机构应对验收委员会提出的问题做出解释。

3 竣工验收通过后,监理机构应征得项目承担单位(项目法人)同意后,向施工单位签发工程移交证书。

14 保修期的监理工作

14.1 保修期的起算、延长和终止

14.1.1 监理机构应按有关规定和施工合同约定，在工程移交证书中注明保修期的起算日期。

14.1.2 若保修期满后仍存在施工期的施工质量缺陷未修复或有施工合同约定的其他事项，监理机构应在征得项目承担单位（项目法人）同意后，做出相关工程项目保修期延长的决定。

14.1.3 保修期或保修延长期满，施工单位提出保修期终止申请后，监理机构在检查施工单位已经按照施工合同约定完成全部工作，且经检验合格后，应及时办理工程项目保修期终止事宜。

14.2 保修期监理的主要工作内容

14.2.1 监理机构应督促施工单位按计划完成尾工项目，协助项目承担单位（项目法人）验收尾工项目，并为此办理付款签证。

14.2.2 督促施工单位对已完工程项目中所存在的施工质量缺陷进行修复。在施工单位未能执行监理机构的指示或未能在合理时间内完成修复工作时，监理机构可建议项目承担单位（项目法人）雇佣他人完成质量缺陷修复工作，并协助项目承担单位（项目法人）处理由此所发生的费用。

若质量缺陷由项目承担单位（项目法人）或运行管理单位的使用或管理不当造成，监理机构应受理施工单位因修复该质量缺陷而提出的追加费用付款申请。

14.2.3 督促施工单位按施工合同约定的时间和内容向项目承担单位（项目法人）移交整编好的工程资料。

14.2.4 签发工程项目保修责任终止证书。

14.2.5 签发工程最终付款证书。

14.2.6 保修期间现场监理机构应适时予以调整，除保留必要的人员和设施外，其他人员和设施可撤离，或将设施移交项目承担单位（项目法人）。

附录 A　施工监理主要工作程序框图

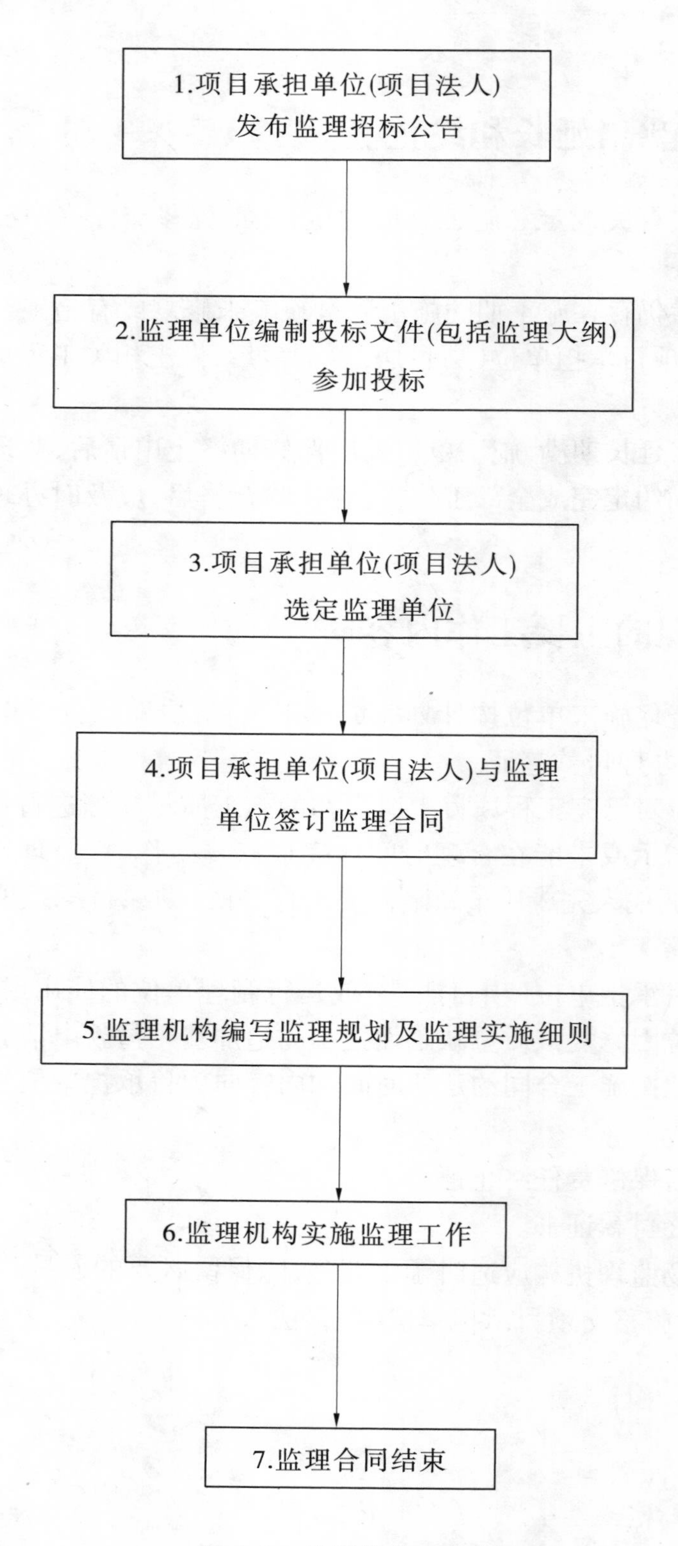

图 A-1　监理单位工作程序

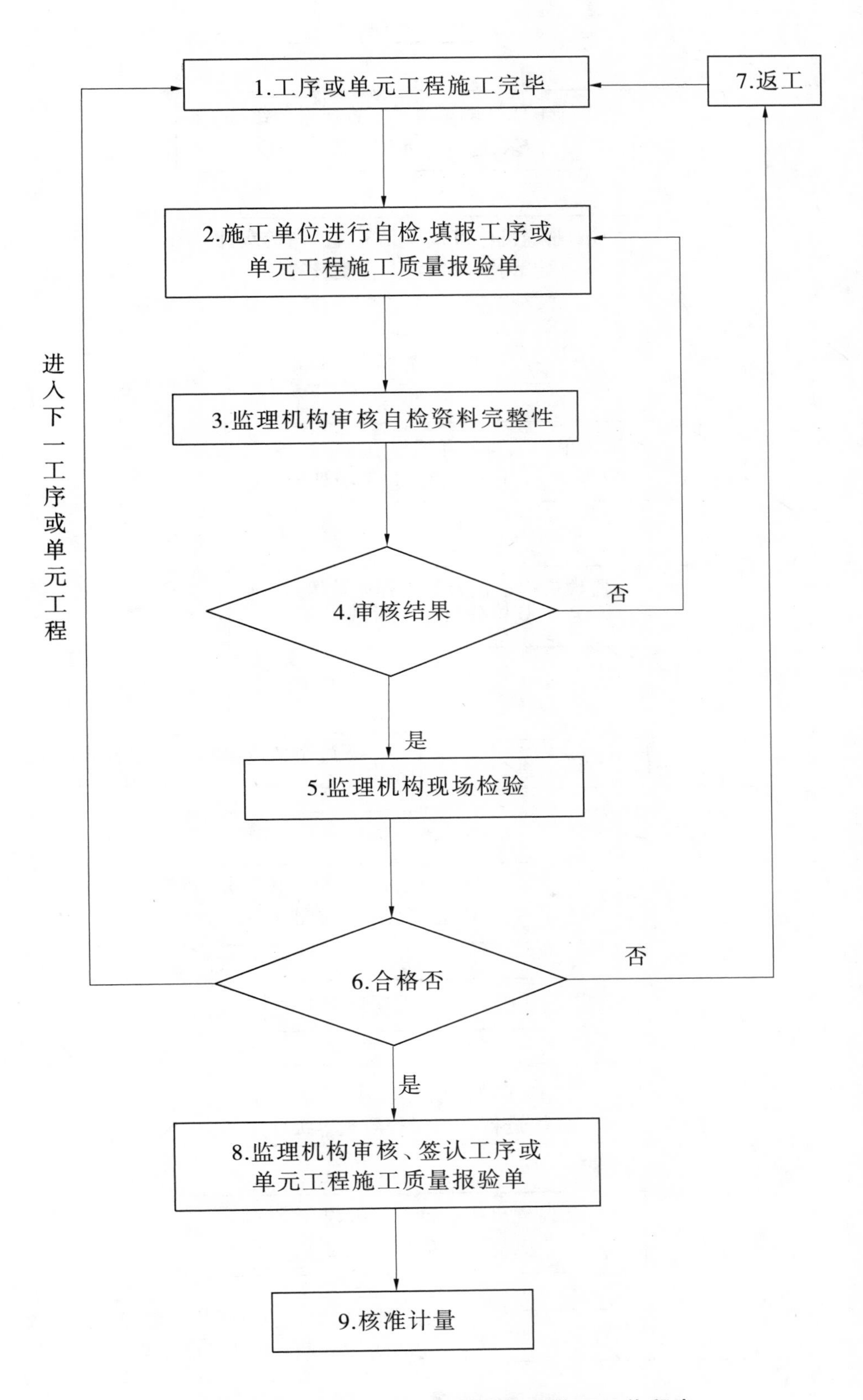

图 A-2　工序或单元工程质量控制监理工作程序

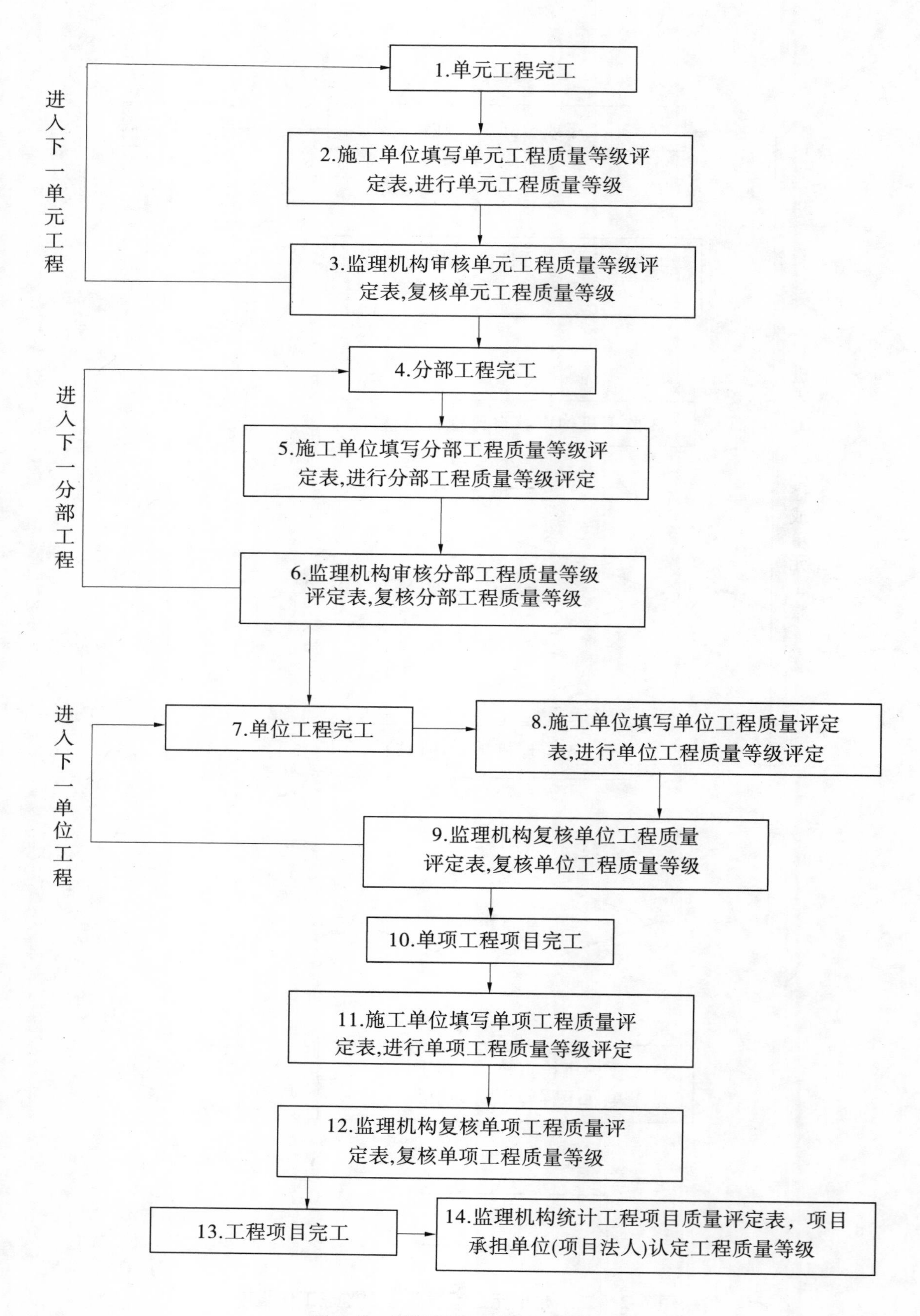

图 A-3 质量评定监理工作程序

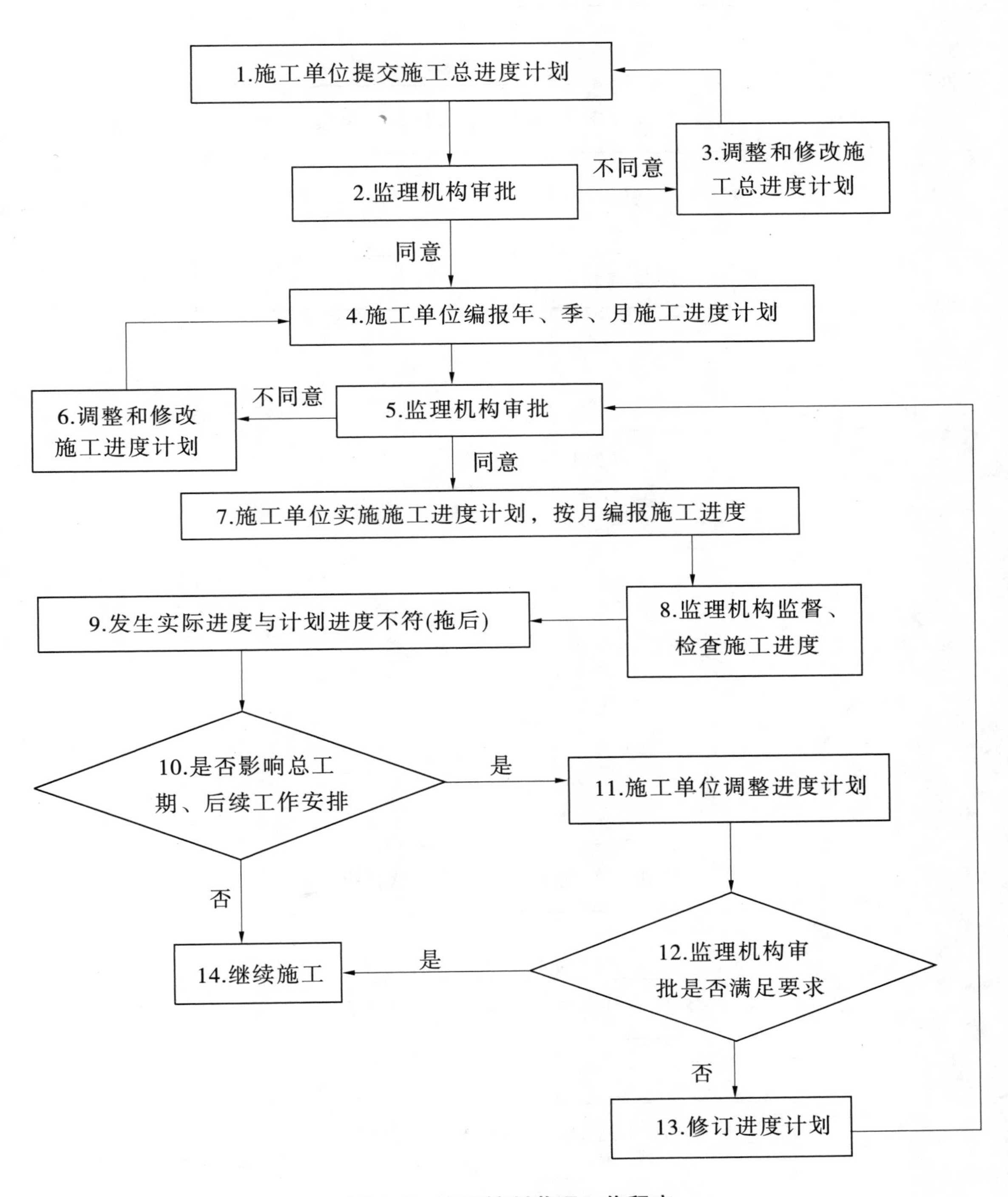

图 A-4　进度控制监理工作程序

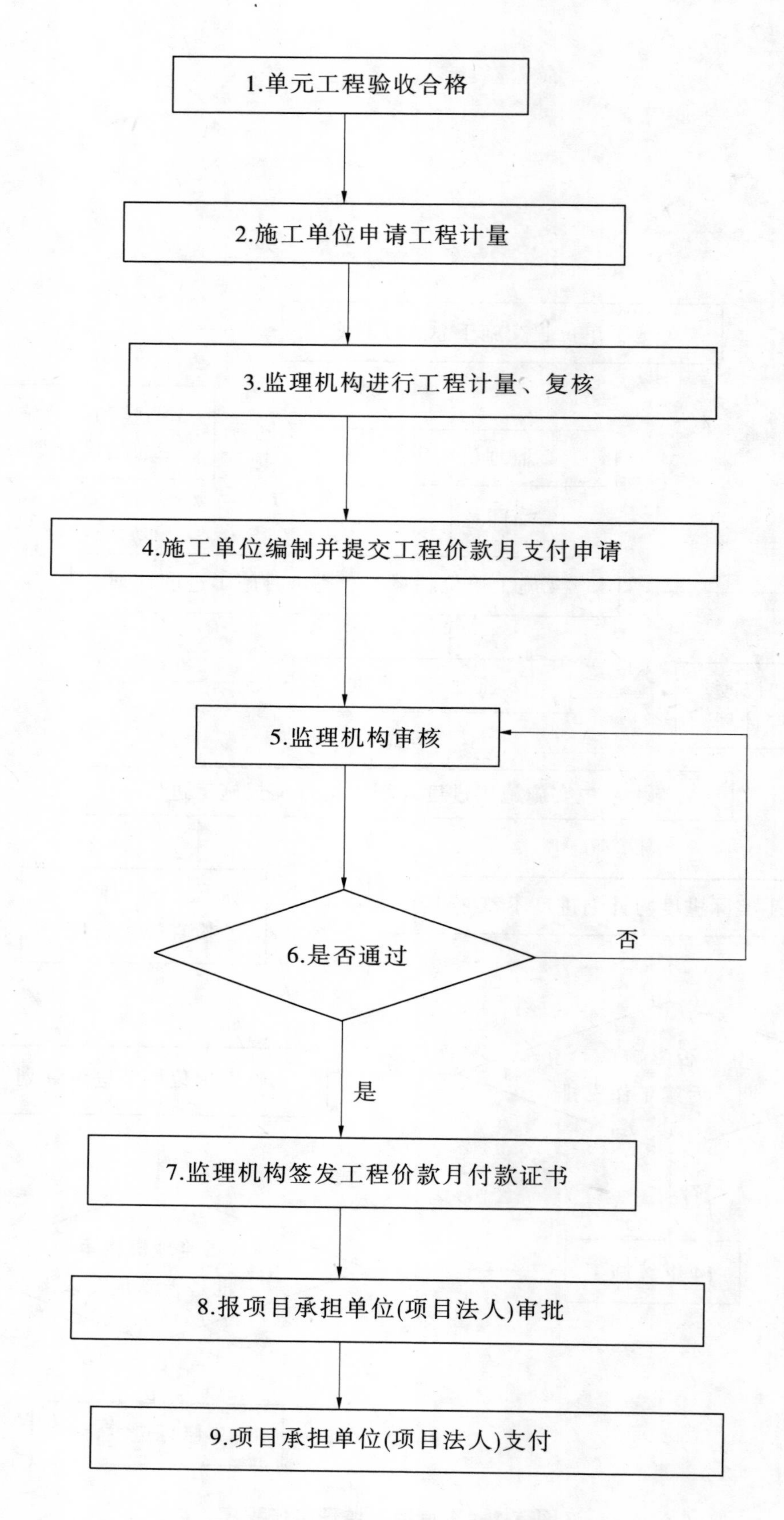

图 A-5　工程款支付监理工作程序

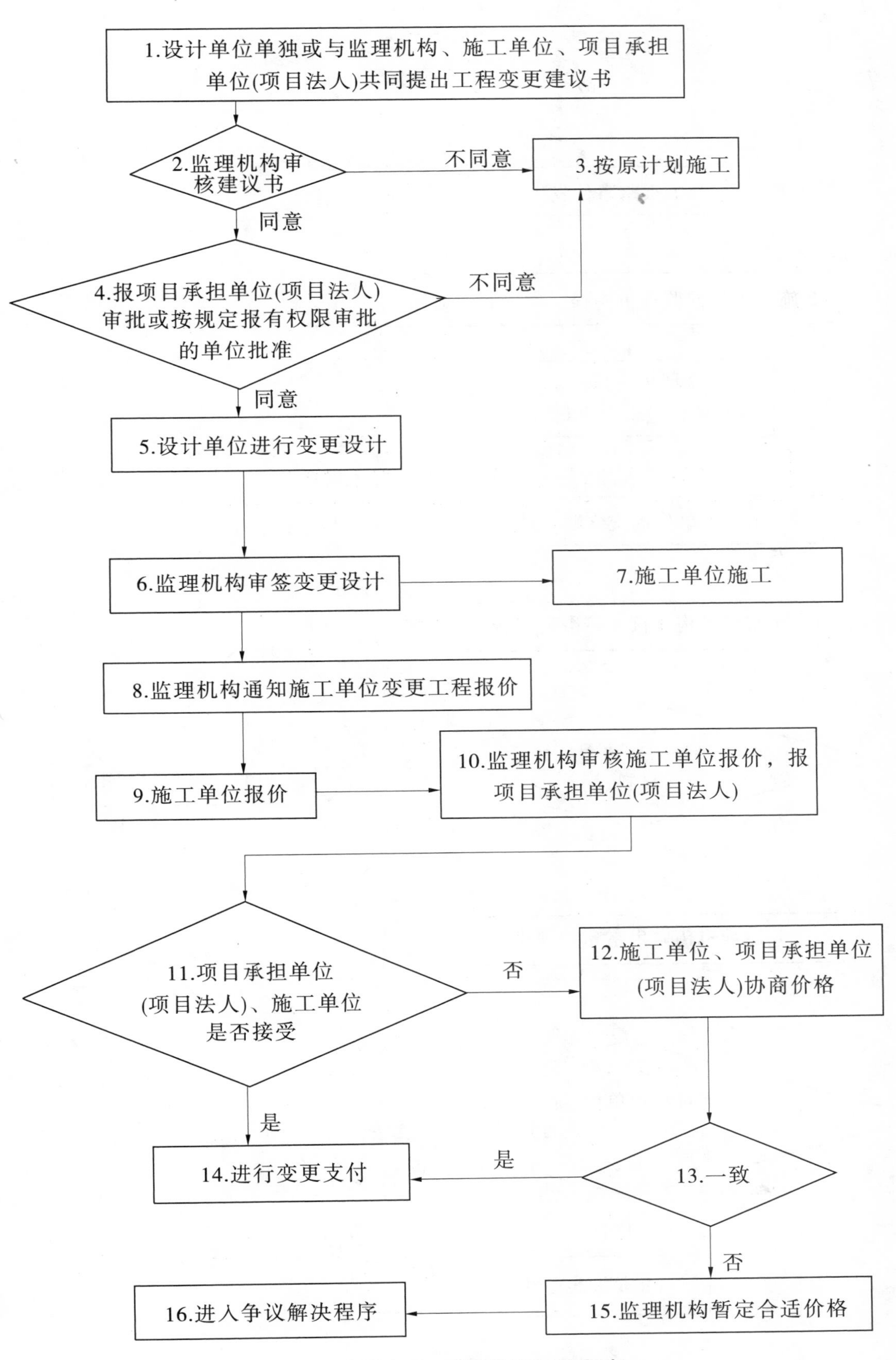

图 A-6　变更监理工作程序

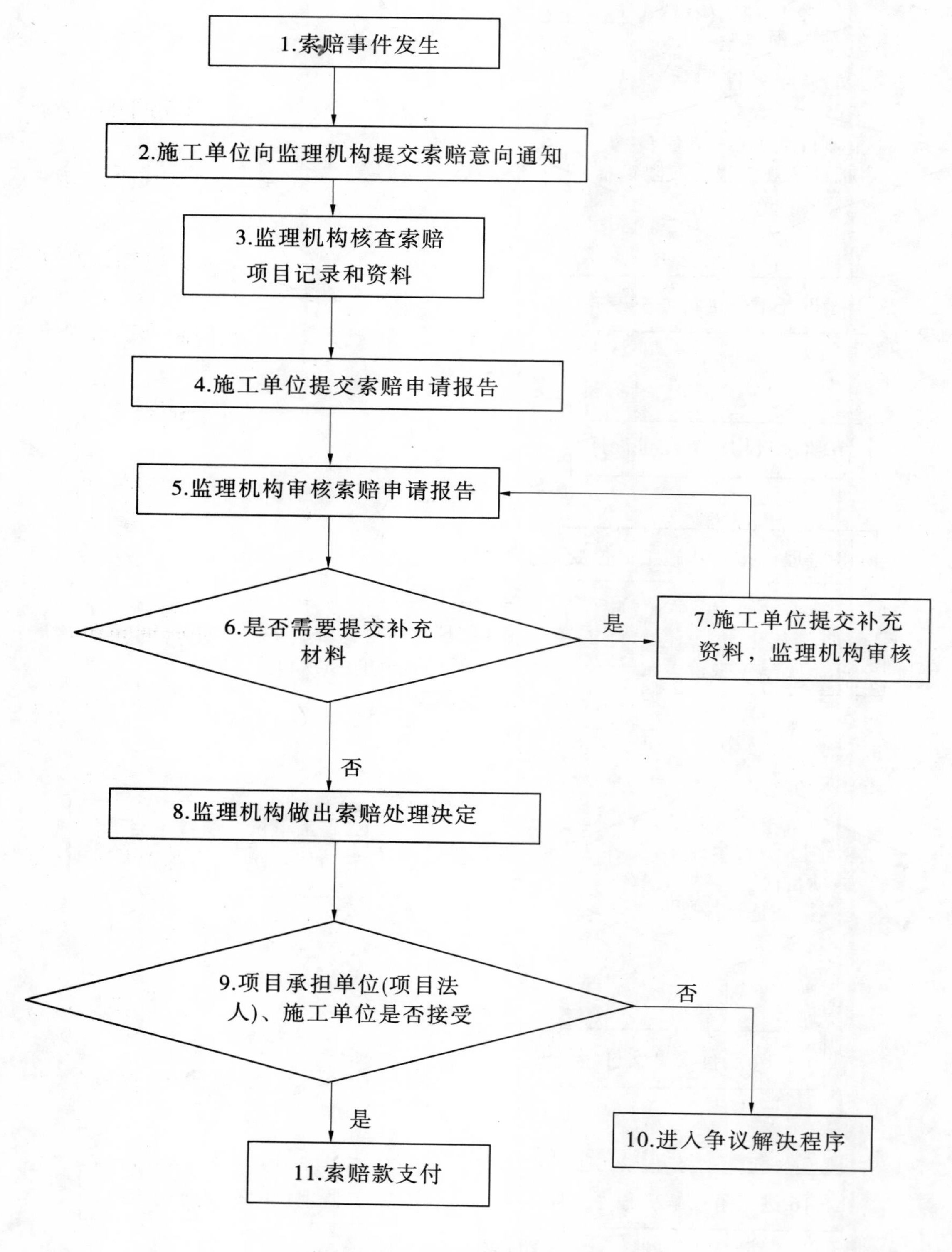

图 A-7　索赔处理监理工作程序

附录B　监理报告编写要求及主要内容

B.1　监理报告的编写要求

B.1.1　在施工监理实施过程中，由监理机构提交的监理报告包括监理月报、监理专题报告、监理工作报告和监理工作总结报告。

B.1.2　监理月报应全面反映当月的监理工作情况，编制周期与支付周期同步，在下月的5日前发出。所用表格参照本规程附录C。

B.1.3　监理专题报告针对施工监理中某项特定的专题撰写。专题事件持续时间较长时，监理机构可提交关于该专题事件的中期报告。

B.1.4　在进行监理范围内各类工程验收时，监理机构应按规定提交相应的监理工作报告。监理工作报告应在验收工作开始前完成。

B.1.5　监理工作结束后，监理机构应在以前各类监理报告的基础上编制全面反映所监理项目情况的监理工作总结报告。

B.1.6　总监理工程师应负责组织编制监理报告，审核签字、盖章后，报送项目承担单位（项目法人）和监理单位。

B.1.7　监理报告应真实反映工程或事件状况、监理工作情况，做到内容全面、重点突出、语言简练、数据准确，并附必要的图表、照片和音像片。

B.2　监理月报的主要内容

B.2.1　本月工程描述。

B.2.2　工程质量控制。包括本月工程质量状况及影响因素分析、工程质量问题处理过程及采取的控制措施等。

B.2.3　工程进度控制。包括本月施工资源投入、实际进度与计划进度比较、对进度完成情况的分析、存在的问题及采取的措施等。

B.2.4　工程造价控制。包括本月工程计量、工程款支付情况及分析、本月合同支付中存在的问题及采取的措施等。

B.2.5　合同管理其他事项。包括本月施工合同双方提出的问题、监理机构的答复意见以及工程分包、变更、索赔、争议等处理情况，对存在的问题采取的措施等。

B.2.6　施工安全生产和环境保护。包括本月施工安全措施执行情况、安全事故及处理情况、环境保护情况、对存在的问题采取的措施等。

B.2.7　监理机构运行状况。包括本月监理机构的人员及设施、设备情况，尚需项目承担单位（项目法人）提供的条件或解决的情况等。

B.2.8　本月监理小结。包括对本月工程质量、进度、计量与支付、合同管理其他事项、施工安全、监理机构运行状况的综合评价。

B.2.9　下月监理工作计划。包括监理工作重点，在质量、进度、造价、合同其他事项和施工安全等方面需采取的预控措施等。

B.2.10　本月工程监理大事记。

B.2.11　其他应提交的资料和说明事项等。

B.2.12　监理月报中的表格参照本规程附录C中施工监理工作常用表格。

B.3 监理专题报告的主要内容

B.3.1 事件描述。

B.3.2 事件分析。

1 事件发生的原因及责任分析。

2 事件对工程质量与安全影响分析。

3 事件对施工进度影响分析。

4 事件对工程费用影响分析。

B.3.3 事件处理。

1 施工单位对事件处理的意见。

2 项目承担单位(项目法人)对事件处理的意见。

3 设计单位对事件处理的意见。

4 其他单位或部门对事件处理的意见。

5 监理机构对事件处理的意见。

6 事件最后处理方案或结果(如果为中期报告,应描述截至目前事件处理的现状)。

B.3.4 对策与措施。为避免此类事件再次发生或其他影响合同目标实现事件的发生,监理机构的意见和建议。

B.3.5 其他应提交的资料和说明事项等。

B.4 监理工作报告的主要内容

B.4.1 验收工程概况。包括工程特性、合同目标、工程项目组成等。

B.4.2 监理规划。包括监理制度的建立、监理机构的设置与主要工作人员、检测采用的方法和主要设备等。

B.4.3 监理过程。包括监理合同履行情况和监理过程情况。

B.4.4 监理效果。

1 质量控制监理工作成效及综合评价。

2 造价控制监理工作成效及综合评价。

3 进度控制监理工作成效及综合评价。

4 施工安全与环境保护监理工作成效及综合评价。

B.4.5 经验与建议。

B.4.6 其他需要说明或报告事项。

B.4.7 其他应提交的资料和说明事项等。

B.4.8 附件。

1 监理机构的设置与主要工作人员情况表。

2 工程建设监理大事记。

B.5 监理工作总结报告的主要内容

B.5.1 监理工程项目概况。包括工程特性、合同目标、工程项目组成等。

B.5.2 监理工作综述。包括监理机构设置与主要工作人员,监理工作内容、程序、方法,监理设备情况等。

B.5.3 监理规划执行、修订情况的总结评价。

B.5.4 监理合同履行情况和监理过程情况简述。

B.5.5 对质量控制的监理工作成效进行综合评价。

B.5.6 对造价控制监理工作成效进行综合评价。

B.5.7 对施工进度控制监理工作成效进行综合评价。

B.5.8 对施工安全与环境保护监理工作成效进行综合评价。

B.5.9 经验与建议。

B.5.10 工程建设监理大事记。

B.5.11 其他需要说明或报告事项。

B.5.12 其他应提交的资料和说明事项等。

附录C 施工监理工作常用表格

C.1 表格说明

C.1.1 表格可分为以下两种类型：

1 施工单位用表。以CB××表示。

2 监理机构用表。以JL××表示。

C.1.2 表头应采用如下格式：

CB09	施工放样报验单
	（承包[ ]放样 号）

注:1.“CB09”—表格类型及序号；

2.“施工放样报验单”—表格名称；

3.“承包[ ]放样 号”—表格编号。其中:(1)“承包”:指该表以施工单位为填表人。当填表人为监理机构时,即以“监理”代之。(2)当监理工程范围包括两个以上施工单位时,为区分不同施工单位的用表,“承包”可用其简称表示。(3)“[ ]”:年份,[2013]表示2013年的表格。(4)“放样”:表格的使用性质,即用于“放样”工作。(5)“ 号”:一般为3位数的流水号。

如施工单位简称为“华安”,则2013年施工单位向监理机构报送的第3次放样报表可表示为：

CB09	施工放样报验单
	（华安[2013]放样003号）

C.2 表格使用说明

C.2.1 监理机构可根据施工项目的规模和复杂程度,采用其中的部分或全部表格;如果表格种类不能满足工程实际需要,可按照表格的设计原则另行增加。

C.2.2 各表格脚注中所列单位和份数为基本单位和最少份数,工作中应根据具体情况和要求予以具体指定各类表格的报送单位和份数。

C.2.3 相关单位都应明确文件的签收人。

C.2.4 “CB01 施工技术方案申报表”可用于施工单位向监理机构申报关于施工组织设计、施工措施计划、工程测量施测计划和方案、施工工法、工程放样计划、专项试验计划和方案等。

C.2.5 施工单位的施工质量检验月汇总表、工程事故月报表除作为施工月报附表外,还应按有关要求另行单独填报。

C.2.6 表格底部注明的“设代机构”是代表工程设计单位在施工现场的机构,如设计代表、设代组、设代处等。

C.3 施工监理工作常用表格目录

C.3.1 施工单位用表目录

表 C.3.1　施工单位用表目录

序号	表格名称	表格代码	表格编号
1	施工技术方案申报表	CB01	承包[　　]技案　　号
2	施工进度计划申报表	CB02	承包[　　]进度　　号
3	施工分包申报表	CB03	承包[　　]分包　　号
4	现场组织机构及主要人员报审表	CB04	承包[　　]机人　　号
5	材料/构配件进场报验单	CB05	承包[　　]材验　　号
6	施工设备进场报验单	CB06	承包[　　]设备　　号
7	工程预付款申报表	CB07	承包[　　]工预付　　号
8	工程材料预付款报审表	CB08	承包[　　]材预付　　号
9	施工放样报验单	CB09	承包[　　]放样　　号
10	联合测量通知单	CB10	承包[　　]联测　　号
11	施工测量成果报验单	CB11	承包[　　]测量　　号
12	合同项目开工申请表	CB12	承包[　　]合开工　　号
13	分部工程开工申请表	CB13	承包[　　]分开工　　号
14	混凝土浇筑开仓报审表	CB14	承包[　　]开仓　　号
15	单元工程施工质量报验单	CB15	承包[　　]质报　　号
16	施工质量缺陷处理措施报审表	CB16	承包[　　]缺陷　　号
17	事故报告单	CB17	承包[　　]事故　　号
18	暂停施工申请报告	CB18	承包[　　]暂停　　号
19	复工申请表	CB19	承包[　　]复工　　号
20	变更申请报告	CB20	承包[　　]变更　　号
21	施工进度计划调整申报表	CB21	承包[　　]进调　　号
22	延长工期申报表	CB22	承包[　　]延期　　号
23	变更项目价格申报表	CB23	承包[　　]变价　　号
24	索赔意向通知	CB24	承包[　　]赔通　　号
25	索赔申请报告	CB25	承包[　　]赔报　　号
26	工程计量报验单	CB26	承包[　　]计报　　号
27	计日工工程量签证单	CB27	承包[　　]计日证　　号
28	工程价款月支付申请书	CB28	承包[　　]月付　　号
29	工程价款月支付汇总表	CB28 附表 1	承包[　　]月总　　号
30	已完工程量汇总表	CB28 附表 2	承包[　　]量总　　号
31	合同单价项目月支付明细表	CB28 附表 3	承包[　　]单价　　号

续表 C.3.1

序号	表格名称	表格代码	表格编号
32	合同合价项目月支付明细表	CB28 附表 4	承包[ ]合价 号
33	合同新增项目月支付明细表	CB28 附表 5	承包[ ]新增 号
34	计日工项目月支付明细表	CB28 附表 6	承包[ ]计日付 号
35	计日工工程量月汇总表	CB28 附表 6-1	承包[ ]计日总 号
36	索赔项目价款月支付汇总表	CB28 附表 7	承包[ ]赔总 号
37	施工月报	CB29	承包[ ]月报 号
38	施工基本情况月报表	CB29 附表 1	承包[ ]基本月 号
39	施工质量检验月汇总表	CB29 附表 2	承包[ ]质检月 号
40	完成工程量月汇总表	CB29 附表 3	承包[ ]量总月 号
41	验收申请报告	CB30	承包[ ]验报 号
42	报告单	CB31	承包[ ]报告 号
43	回复单	CB32	承包[ ]回复 号
44	施工日志	CB33	承包[ ]日志 号
45	完工/最终付款申请表	CB34	承包[ ]付申 号

C.3.2 监理机构用表目录

表 C.3.2 监理机构用表目录

序号	表格名称	表格代码	表格编号
1	进场通知	JL01	监理[ ]进场 号
2	合同项目开工令	JL02	监理[ ]合开工 号
3	分部工程开工通知	JL03	监理[ ]分开工 号
4	工程预付款支付证书	JL04	监理[ ]工预付 号
5	批复表	JL05	监理[ ]批复 号
6	监理通知	JL06	监理[ ]通知 号
7	监理报告	JL07	监理[ ]报告 号
8	计日工工作通知	JL08	监理[ ]计通 号
9	工程现场书面指示	JL09	监理[ ]现指 号
10	整改通知	JL10	监理[ ]整改 号
11	变更指示	JL11	监理[ ]变指 号
12	变更项目价格审核表	JL12	监理[ ]变价审 号
13	变更项目价格签认单	JL13	监理[ ]变价签 号

续表 C.3.2

序号	表格名称	表格代码	表格编号
14	变更通知	JL14	监理[ ]变通 号
15	暂停施工通知	JL15	监理[ ]停工 号
16	复工通知	JL16	监理[ ]复工 号
17	费用索赔审核表	JL17	监理[ ]索赔审 号
18	费用索赔签认单	JL18	监理[ ]索赔签 号
19	工程价款月付款证书	JL19	监理[ ]月付 号
20	月支付审核汇总表	JL19 附表 1	监理[ ]月总 号
21	合同解除后付款证书	JL20	监理[ ]解付 号
22	完工/最终付款证书	JL21	监理[ ]付证 号
23	工程移交通知	JL22	监理[ ]移交 号
24	工程移交证书	JL23	监理[ ]移证 号
25	保留金付款证书	JL24	监理[ ]保付 号
26	保修责任终止证书	JL25	监理[ ]责终 号
27	施工设计图纸签发表	JL26	监理[ ]图发 号
28	监理月报	JL27	监理[ ]月报 号
29	完成工程量月统计表	JL27 附表 1	监理[ ]量统月 号
30	监理抽检情况月汇总表	JL27 附表 2	监理[ ]抽检月 号
31	工程变更月报表	JL27 附表 3	监理[ ]变更月 号
33	监理抽检试验登记表	JL28	监理[ ]试记 号
34	旁站监理值班记录	JL29	监理[ ]旁站 号
35	监理巡视记录	JL30	监理[ ]巡视 号
36	监理日记	JL31	监理[ ]日记 号
37	监理日志	JL32	监理[ ]日志 号
38	监理发文登记表	JL33	监理[ ]监发 号
39	监理收文登记表	JL34	监理[ ]监收 号
40	会议纪要	JL35	监理[ ]纪要 号
41	监理机构联系单	JL36	监理[ ]联系 号
42	监理机构备忘录	JL37	监理[ ]备忘 号

C.4 施工监理工作常用表格

CB01 **施工技术方案申报表**

（承包[ ]技案 号）

合同名称： 合同编号：

<table>
<tr><td>致：（监理机构）

我方今提交__________工程（名称及编码）的：
□ 施工组织设计
□ 施工措施计划
□ 工程测量施测计划和方案
□ 施工工法
□ 工程放样计划
□ 专项试验计划和方案
□
请贵方审批。

施工单位：（盖章）
项目经理：（签名）
日 期： 年 月 日</td></tr>
<tr><td>监理机构将另行签发审批意见。

监理机构：（盖章）
签 收 人：（签名）
日 期： 年 月 日</td></tr>
</table>

说明：本表由施工单位填写。监理机构审签后，随同审批意见，施工单位、监理机构、项目承担单位（项目法人）各1份。

CB02 **施工进度计划申报表**

（承包[　　　　]进度　　　号）

合同名称：　　　　　　　　　　　　　　　　　　合同编号：

<table>
<tr><td>
致：（监理机构）
我方今提交________________________________工程（名称及编码）的：
□工程总进度计划
□工程年进度计划
□工程月进度计划
□
请贵方审批。

附件：1. 施工进度计划。
2. 图表、说明书共_______页。
3.

施工单位：（盖章）
项目经理：（签名）
日　　期：　　　年　　月　　日
</td></tr>
<tr><td>
监理机构将另行签发审批意见。

监理机构：（盖章）
签 收 人：（签名）
日　　期：　　　年　　月　　日
</td></tr>
</table>

说明：本表由施工单位填写。监理机构审签后，随同审批意见，施工单位、监理机构、项目承担单位（项目法人）各1份。

CB03

施工分包申报表

（承包[　　　　]分包　　　号）

合同名称：　　　　　　　　　　　　　　　　　　合同编号：

致：（监理机构）

根据施工合同约定和工程需要，我方拟将本申请表中所列项目分包给所选分包单位。经考察，所选分包单位具备按照合同要求完成所分包工程的资质、经验、技术与管理水平、资源和财务能力，并具有良好的业绩和信誉，请贵方审核。

分包单位名称						
分包工程编码	分包工程名称	单位	数量	单价	分包金额（万元）	占合同总金额的百分比（%）
合计						

附件：分包单位简况（包括分包单位资质、经验、能力、信誉、财务，主要人员经历等资料）。

施工单位：（盖章）

项目经理：（签名）

日　　期：　　　年　　月　　日

监理机构将另行签发审核意见。

监理机构：（盖章）

签 收 人：（签名）

日　　期：　　　年　　月　　日

说明：本表由施工单位填写。监理机构审核、项目承担单位（项目法人）批准后，随同审批意见，施工单位、监理机构、项目承担单位（项目法人）各1份。

CB04

现场组织机构及主要人员报审表

（承包[　　　　]机人　　　号）

合同名称：　　　　　　　　　　　　　　　　合同编号：

<table>
<tr><td>致：（监理机构）
现提交第________次现场机构及主要人员报审表，请贵方审核。

附件：1. 组织机构图。
2. 部门职责及主要人员数量及分工。
3. 人员清单及其有效的资格或岗位证书。
4.

施工单位：（盖章）
项目经理：（签名）
日　　期：　　　年　　月　　日</td></tr>
<tr><td>审核意见：

监 理 机 构：（盖章）
监理工程师：（签名）
日　　期：　　　年　　月　　日</td></tr>
</table>

说明：本表由施工单位填写。监理机构审签后，随同审核意见，施工单位、监理机构、项目承担单位（项目法人）各1份。

CB05

材料/构配件进场报验单

（承包[　　　　]材验　　　号）

合同名称：　　　　　　　　　　　　　　　　　　　合同编号：

致：(监理机构)

我方于________年____月____日进场的工程材料/构配件数量如下表。拟用于下述分部工程或部位：

1.________________;2.________________;3.________________。

经自检,符合技术规范和合同要求,请贵方审核,并准予进场使用。

附件:1.出厂合格证；2.检验报告；3.质量保证书；4.

序号	材料/构配件名称	材料/构配件来源、产地	材料/构配件规格	用途	本批材料/构配件数量	施工单位试验			
						试样来源	取样地点、日期	试验日期、操作人	试验结果

	审核意见：
施工单位：(盖章) 项目经理：(签名) 日　　期：　　　　年　　月　　日	监 理 机 构：(盖章) 监理工程师：(签名) 日　　期：　　　　年　　月　　日

说明:本表由施工单位填写。监理机构审签后,施工单位2份,监理机构、项目承担单位(项目法人)各1份。

CB06

施工设备进场报验单

（承包[ ]设备 号）

合同名称： 合同编号：

致：（监理机构）

我方于________年____月____日进场的施工设备如下表。拟用于下述部位：

1.

2.

3.

经自检，符合技术规范和合同要求，请贵方审核，并准予进场使用。

序号	设备名称	规格型号	数量	进场日期	计划	完好状况	拟用工程项目	设备权属	生产能力	备注
1										
2										
3										
4										
5										
6										

附件：

施工单位：（盖章）

项目经理：（签名）

日 期： 年 月 日

审核意见：

监理机构：（盖章）

监理工程师：（签名）

日 期： 年 月 日

说明：本表由施工单位填写。监理机构审签后，施工单位、监理机构、项目承担单位（项目法人）各1份。

CB07

工程预付款申报表

（承包[　　　　]工预付　　　号）

合同名称：　　　　　　　　　　　　　　　　　　合同编号：

<table>
<tr><td>致：（监理机构）
　　我方承担的____________________合同项目，依据施工合同约定，已具备工程预付款支付条件，现申请支付第______次预付款，金额总计为（大写）______________________（小写________），请贵方审核。

　　附件：1. 已具备的条件。
　　　　　2. 计算依据及结果。
　　　　　3.

施工单位：（盖章）
项目经理：（签名）
日　　期：　　　年　　月　　日</td></tr>
<tr><td>　　通过审核后，监理机构将另行签发工程预付款支付证书。

监理机构：（盖章）
签 收 人：（签名）
日　　期：　　　年　　月　　日</td></tr>
</table>

说明：本表由施工单位填写。监理机构审签后，随同预付款支付证书，施工单位 2 份，监理机构、项目承担单位（项目法人）各 1 份。

CB08

工程材料预付款报审表

（承包[ ]材预付 号）

合同名称： 合同编号：

致：（监理机构）

下列材料、设备我方已采购进场，经自检和监理机构检验，符合技术规范和合同要求，特申请预付款，请贵方审核。

项目号	材料、设备名称	规格	型号	单位	数量	单价	合价	付款收据编号	监理审核意见
小计									

附件：1. 材料、设备采购付款收据复印件______张。

2. 材料、设备报验单______份。

3.

施工单位：（盖章）

项目经理：（签名）

日 期： 年 月 日

经审核，本批材料预付款额为（大写）________________（小写____________）。

监 理 机 构：（盖章）

总监理工程师：（签名）

日 期： 年 月 日

说明：本表由施工单位填写，作为 CB28 表的附表，一同流转，审批结算时用。

CB09

施工放样报验单

（承包[　　　　]放样　　　号）

合同名称：　　　　　　　　　　　　　　　　　　　　　合同编号：

致：（监理机构）

根据施工合同要求，我们已完成＿＿＿＿＿＿＿＿＿＿＿＿的施工放样工作，请贵方核验。

附件：测量放样资料。

序号或位置	工程或部位名称	放样内容	备注

自检结果：

施 工 单 位：（盖章）

技术负责人：（签名）

项 目 经 理：（签名）

日　　期：　　　年　　月　　日

核验意见：

监 理 机 构：（盖章）

监理工程师：（签名）

日　　期：　　　年　　月　　日

说明：本表由施工单位填写。监理机构审签后，施工单位2份，监理机构、项目承担单位（项目法人）各1份。

CB10

联合测量通知单

（承包[　　　　]联测　　　号）

合同名称：　　　　　　　　　　　　　　　　　　　　合同编号：

<table>
<tr><td>
致：（监理机构）
根据工程进度情况和合同约定，我方拟进行工程测量工作，请贵方派员参加。
施测工程部位：

测量工作内容：

任务要点：

施测时间：________年____月____日至________年____月____日

施工单位：（盖章）
项目经理：（签名）
日　　期：　　　　年　　月　　日
</td></tr>
<tr><td>
□拟于________年____月____日派监理人员参加测量。
□不派人参加联合测量，你方测量后将测量结果报我方审核。

监 理 机 构：（盖章）
监理工程师：（签名）
日　　期：　　　　年　　月　　日
</td></tr>
</table>

说明：本表由施工单位填写。监理机构审签后，施工单位、监理机构、项目承担单位（项目法人）各1份。

CB11

施工测量成果报验单

（承包[　　　　]测量　　　号）

合同名称：　　　　　　　　　　　　　　　　　　合同编号：

<table>
<tr><td colspan="4">致：（监理机构）
我方测量成果经审核合格，特此申报，请贵方核验。</td></tr>
<tr><td>单位工程名称及编码</td><td></td><td>分部工程名称及编码</td><td></td></tr>
<tr><td>单元工程名称及编码</td><td></td><td>施测部位</td><td></td></tr>
<tr><td>施测内容</td><td colspan="3"></td></tr>
<tr><td>施测单位</td><td></td><td colspan="2">施测单位负责人：（签名）
日期：　　年　月　日</td></tr>
<tr><td>施测说明</td><td colspan="3"></td></tr>
<tr><td colspan="4">施工单位复查记录：

复检人：（签名）
日　期：　　年　月　日</td></tr>
<tr><td colspan="4">附件：1.
2.
3.

施工单位：（盖章）
项目经理：（签名）
日　期：　　年　月　日</td></tr>
<tr><td colspan="4">核验意见：

监 理 机 构：（盖章）
监理工程师：（签名）
日　期：　　年　月　日</td></tr>
</table>

说明：本表由施工单位填写。监理机构审签后，施工单位、监理机构、项目承担单位（项目法人）各1份。

CB12

合同项目开工申请表

（承包[　　　　]合开工　　　号）

合同名称：　　　　　　　　　　　　　　　　　　　　　　　合同编号：

<table>
<tr><td>致：（监理机构）
　　我方承担的______________________合同工程，已完成了各项准备工作，具备了开工条件，现申请开工，请贵方审核。

　　附件：1. 开工申请报告。
　　　　　2.

施工单位：（盖章）
项目经理：（签名）
日　　期：　　　年　　月　　日</td></tr>
<tr><td>　　审批后另行签发合同项目开工令。

监理机构：（盖章）
签 收 人：（签名）
日　　期：　　　年　　月　　日</td></tr>
</table>

说明：本表由施工单位填写。监理机构审签后，随同“合同项目开工令”，施工单位、监理机构、项目承担单位（项目法人）各1份。

CB13

分部工程开工申请表

（承包[ ]分开工 号）

合同名称： 合同编号：

致：（监理机构）

________分部工程已具备开工条件，施工准备工作已就绪，请贵方审批。

<table>
<tr><td colspan="2">申请开工分部工程名称、编码</td><td colspan="3"></td></tr>
<tr><td colspan="2">申请开工日期</td><td></td><td>计划工期</td><td>____年___月___日至
____年___月___日</td></tr>
<tr><td rowspan="9">施工单位施工准备工作自检记录</td><td>序号</td><td colspan="2">检查内容</td><td>检查结果</td></tr>
<tr><td>1</td><td colspan="2">施工图纸、技术标准、施工技术交底情况</td><td></td></tr>
<tr><td>2</td><td colspan="2">主要施工设备到位情况</td><td></td></tr>
<tr><td>3</td><td colspan="2">施工安全和质量保证措施落实情况</td><td></td></tr>
<tr><td>4</td><td colspan="2">材料、构配件质量及检验情况</td><td></td></tr>
<tr><td>5</td><td colspan="2">现场施工人员安排情况</td><td></td></tr>
<tr><td>6</td><td colspan="2">风、水、电等必需的辅助生产设施准备情况</td><td></td></tr>
<tr><td>7</td><td colspan="2">场地平整、交通、临时设施准备情况</td><td></td></tr>
<tr><td>8</td><td colspan="2">测量及试验情况</td><td></td></tr>
<tr><td></td><td></td><td colspan="2"></td><td></td></tr>
</table>

附件：□分部工程进度计划

□分部工程施工工法

□

施工单位：（盖章）

项目经理：（签名）

日 期： 年 月 日

开工申请通过审核后另行签发开工通知。

监理机构：（盖章）

签 收 人：（签名）

日 期： 年 月 日

说明：本表由施工单位填写。监理机构审签后，随同“分部工程开工通知”，施工单位、监理机构、项目承担单位（项目法人）各1份。

CB14

混凝土浇筑开仓报审表

（承包[　　　　]开仓　　　号）

合同名称：　　　　　　　　　　　　　　　　　　合同编号：

<table>
<tr><td colspan="4">致：（监理机构）
我方下述工程混凝土浇筑准备工作已就绪，请贵方审批。</td></tr>
<tr><td>单位工程名称</td><td></td><td>分部工程名称</td><td></td></tr>
<tr><td>单元工程名称</td><td></td><td>单元工程编码</td><td></td></tr>
<tr><td rowspan="11">申
报
意
见</td><td>主要工序</td><td colspan="2">具备情况</td></tr>
<tr><td>备料情况</td><td colspan="2"></td></tr>
<tr><td>基面清理</td><td colspan="2"></td></tr>
<tr><td>钢筋绑扎</td><td colspan="2"></td></tr>
<tr><td>模板支立</td><td colspan="2"></td></tr>
<tr><td>细部结构</td><td colspan="2"></td></tr>
<tr><td>混凝土系统准备</td><td colspan="2"></td></tr>
<tr><td></td><td colspan="2"></td></tr>
<tr><td></td><td colspan="2"></td></tr>
<tr><td colspan="3">附：自检资料

施工单位：（盖章）
项目经理：（签名）
日　期：　　　年　　月　　日</td></tr>
<tr></tr>
<tr><td>监理机构意见</td><td colspan="3">审批意见：

监 理 机 构：（盖章）
监理工程师：（签名）
日　　期：　　　年　　月　　日</td></tr>
</table>

说明：本表由施工单位填写。监理机构审签后，施工单位、监理机构、项目承担单位（项目法人）各1份。

CB15

单元工程施工质量报验单

（承包[　　　]质报　　号）

合同名称：　　　　　　　　　　　　合同编号：

<table>
<tr><td>致：（监理机构）
________________单元工程（及编码）已按合同要求完成施工，经自检合格，报请贵方核验。

附：________________单元工程质量评定表及“三检”表和附表。

施工单位：（盖章）
项目经理：（签名）
日　　期：　　年　　月　　日</td></tr>
<tr><td>核验意见：

监 理 机 构：（盖章）
监理工程师：（签名）
日　　期：　　年　　月　　日</td></tr>
</table>

说明：本表由施工单位填写。监理机构审签后，施工单位2份，监理机构、项目承担单位（项目法人）各1份。

CB16

施工质量缺陷处理措施报审表

（承包[　　　　]缺陷　　　号）

合同名称：　　　　　　　　　　　　　　　　　　　　合同编号：

<table>
<tr><td colspan="5">致：（监理机构）
我方今提交＿＿＿＿＿＿工程质量缺陷的处理措施，请贵方审批。</td></tr>
<tr><td colspan="2">单位工程名称</td><td></td><td>分部工程名称</td><td></td></tr>
<tr><td colspan="2">单元工程名称</td><td></td><td>单元工程编码</td><td></td></tr>
<tr><td>质量缺陷
工程部位</td><td colspan="4"></td></tr>
<tr><td>质量缺陷情况
简要说明</td><td colspan="4"></td></tr>
<tr><td>拟采用的处理
措施简述</td><td colspan="4"></td></tr>
<tr><td>附件目录</td><td colspan="2">□处理措施报告
□修复图纸
□</td><td>计划施工时段</td><td>＿＿＿年＿＿月＿＿日至
＿＿＿年＿＿月＿＿日</td></tr>
<tr><td colspan="5">施工单位：（盖章）
项目经理：（签名）
日　　期：　　　年　　月　　日</td></tr>
<tr><td colspan="5">审批意见：

监理机构：（盖章）
总监理工程师/监理工程师：（签名）
日　　期：　　　年　　月　　日</td></tr>
</table>

说明：本表由承包方填写。监理机构审签后，施工单位、监理机构、项目承担单位（项目法人）各1份。

CB17

事故报告单

（承包[　　　　]事故　　　号）

合同名称：　　　　　　　　　　　　　　　　　　合同编号：

施工单位：

<table>
<tr><td colspan="2">致：（监理机构）
　　______年____月____日____时，在______________________发生______________________事故，现将事故发生情况报告如下，待调查结果出来后，再另行作详情报告。</td></tr>
<tr><td>事故简述</td><td></td></tr>
<tr><td>已采取的应急措施</td><td></td></tr>
<tr><td>下步处理意见</td><td></td></tr>
<tr><td colspan="2">施工单位：（盖章）
项目经理：（签名）
日　期：　　　年　　月　　日</td></tr>
<tr><td colspan="2">监理机构将另行签发批复意见。

监理机构：（盖章）
签 收 人：（签名）
日　期：　　　年　　月　　日</td></tr>
</table>

说明：本表由施工单位填写。随同监理机构批复意见，施工单位、监理机构、项目承担单位（项目法人）各1份。

CB18

暂停施工申请报告

（承包[ ]暂停 号）

合同名称： 合同编号：

<table>
<tr><td colspan="2">致：（监理机构）
由于发生本申请所列原因造成工程无法正常施工，依据施工合同约定，我方申请对所列工程项目暂停施工。</td></tr>
<tr><td>暂停施工
工程项目
范围/部位</td><td></td></tr>
<tr><td>暂停施工原因</td><td></td></tr>
<tr><td>引用合同条款</td><td></td></tr>
<tr><td>附注</td><td></td></tr>
<tr><td colspan="2">施工单位：（盖章）
项目经理：（签名）
日 期： 年 月 日</td></tr>
<tr><td colspan="2">监理机构将另行签发审批意见。

监理机构：（盖章）
签 收 人：（签名）
日 期： 年 月 日</td></tr>
</table>

说明：本表由施工单位填写。监理机构审签后，随同审批意见，施工单位、监理机构、项目承担单位（项目法人）各1份。

CB19

复工申请表

（承包[　　　　]复工　　　号）

合同名称：　　　　　　　　　　　　　　　　　　　合同编号：

致：（监理机构） ______________________工程项目，接到暂停施工通知（监理[　　　　]停工　　　号）后，已于______年____月____日____时暂停施工。鉴于致使该工程的停工因素已经消除，复工准备工作业已就绪，特报请贵方批准于______年____月____日____时复工。 附件：具备复工条件的情况说明。 施工单位：（盖章） 项目经理：（签名） 日　　期：　　　年　　月　　日
监理机构将另行签发审批意见。 监理机构：（盖章） 签 收 人：（签名） 日　　期：　　　年　　月　　日

说明：本表由施工单位填写。报送监理机构审签后，随同审批意见，施工单位、监理机构、项目承担单位（项目法人）各1份。

CB20

变更申请报告

（承包[　　　　]变更　　　号）

合同名称：　　　　　　　　　　　　　　　　　合同编号：

<table>
<tr><td colspan="2">致：（监理机构）
由于________________________________原因，我方今提出__________________________工程变更。变更内容详见附件，请贵方审批。

附件：1. 工程变更建议书。
2.

施工单位：（盖章）
项目经理：（签名）
日　　期：　　　年　　月　　日</td></tr>
<tr><td>监理机构初审意见</td><td>监 理 机 构：（盖章）
总监理工程师：（签名）
日　　　期：　　　年　　月　　日</td></tr>
<tr><td>设计单位意见</td><td>设计单位：（盖章）
负 责 人：（签名）
日　　期：　　　年　　月　　日</td></tr>
<tr><td>项目承担单位（项目法人）意见</td><td>项目承担单位（项目法人）：（盖章）
负责人：（签名）
日　期：　　　年　　月　　日</td></tr>
<tr><td>批复意见</td><td>监 理 机 构：（盖章）
总监理工程师：（签名）
日　　　期：　　　年　　月　　日</td></tr>
</table>

说明：本表由施工单位填写。监理机构、设计单位、项目承担单位（项目法人）3 方审签后，施工单位、监理机构、项目承担单位（项目法人）、设代机构各 1 份。

CB21

施工进度计划调整申报表

（承包[　　　]进调　　号）

合同名称：　　　　　　　　　　　　　　　　　　合同编号：

<table>
<tr><td>致：（监理机构）
我方今提交________________工程项目施工进度调整计划，请贵方审批。

附件：施工进度调整计划（包括形象进度、工程量、工作量以及施工设备、劳动力计划）

施工单位：（盖章）
项目经理：（签名）
日　期：　　年　月　日</td></tr>
<tr><td>监理机构将另行签发审批意见。

监理机构：（盖章）
签 收 人：（签名）
日　期：　　年　月　日</td></tr>
</table>

说明：本表由施工单位填写。监理机构审签后，随同审批意见，施工单位、监理机构、项目承担单位（项目法人）各1份。

CB22

延长工期申报表

（承包[　　　　]延期　　　号）

合同名称：　　　　　　　　　　　　　　　　　　　合同编号：

<table>
<tr><td>致：（监理机构）
　　根据施工合同约定及相关规定，由于本申报表附件所列原因，我方要求对所申报的__________工程项目工期延长________天，合同项目工期顺延________天，完工日期从________年____月____日延至________年____月____日，请贵方审批。

　　附件：
　　　　1. 延长工期申请报告（说明原因、依据、计算过程及结果等）。
　　　　2. 证明材料。
　　　　3.

施工单位：（盖章）
项目经理：（签名）
日　　期：　　　　年　　月　　日</td></tr>
<tr><td>　　监理机构将另行签发审批意见。

监理机构：（盖章）
签 收 人：（签名）
日　　期：　　　　年　　月　　日</td></tr>
</table>

说明：本表由施工单位填写。监理机构审签后，随同审批意见，施工单位、监理机构、项目承担单位（项目法人）各1份。

CB23

变更项目价格申报表

（承包[　　　]变价　　　号）

合同名称：　　　　　　　　　　　　　　　　　　　合同编号：

致：（监理机构）

根据____________________工程变更指示（监理[　　　]变指　　　号）的工程变更内容，对项目单价申报如下，请贵方审核。

附件：变更单价报告（原由、工程量、编制说明、单价分析表）

序号	项目名称	单位	申报单价	备注
1				
2				
3				
4				
5				

施工单位：（盖章）

项目经理：（签名）

日　期：　　　年　　月　　日

监理机构将另行签发审核意见。

监理机构：（盖章）

签 收 人：（签名）

日　期：　　　年　　月　　日

说明：本表由施工单位填写。随同监理机构审核表、变更项目价格签认单或监理暂定价格文件，项目承担单位（项目法人）、监理机构、施工单位各1份。

CB24

索赔意向通知

（承包[　　　]赔通　　号）

合同名称：　　　　　　　　　　　　　　　　合同编号：

<table>
<tr><td>致：（监理机构）
　　由于________________________________原因，根据施工合同的约定，我方拟提出索赔申请，请贵方审核。

　　附件：索赔意向书（包括索赔事件、索赔依据、索赔要求等）

施工单位：（盖章）
项目经理：（签名）
日　　期：　　　年　　月　　日</td></tr>
<tr><td>　　监理机构将另行签发批复意见。

监理机构：（盖章）
签 收 人：（签名）
日　　期：　　　年　　月　　日</td></tr>
</table>

说明：本表由施工单位填写。监理机构审签后，随同批复意见，施工单位、监理机构、项目承担单位（项目法人）各1份。

CB25

索赔申请报告

（承包[ ]赔报 号）

合同名称： 合同编号：

<table>
<tr><td>致：（监理机构）
根据有关规定和施工合同约定，我方对________________事件申请赔偿金额为（大写）________________（小写________），请贵方审核。

附件：索赔申请报告。主要内容包括：
1. 事因简述。
2. 引用合同条款及其他依据。
3. 索赔计算。
4. 索赔事实发生的当时记录。
5. 索赔支持文件。
6.

施工单位：（盖章）
项目经理：（签名）
日 期： 年 月 日</td></tr>
<tr><td>监理机构将另行签发审核意见。

监理机构：（盖章）
签 收 人：（签名）
日 期： 年 月 日</td></tr>
</table>

说明：本表由施工单位填写。监理机构审签后，随同审核意见，施工单位、监理机构、项目承担单位（项目法人）各1份。

CB26

工程计量报验单

（承包[　　　　]计报　　　号）

合同名称：　　　　　　　　　　　　　　　　　　　　　　合同编号：

致：（监理机构）

我方按施工合同约定，完成了＿＿＿＿＿＿＿＿个工序/单元工程的施工，其工程质量已经检验合格，并对工程量进行了计量测量。现提交测量结果，请贵方核准。

施工单位：（盖章）

项目经理：（签名）

日　　期：　　　　年　　月　　日

序号	项目名称	合同价号	单价（元）	单位	申报工程量	监理核准工程量	备注

附件：计量测量资料

审核意见：

监 理 机 构：（盖章）

监理工程师：（签名）

日　　期：　　　　年　　月　　日

说明：本表由施工单位填写。监理机构核签后，施工单位2份，监理机构、项目承担单位（项目法人）各1份，作为当月已完工程量汇总表的附件使用。

CB27

计日工工程量签证单

（承包[　　　　]计日证　　　号）

合同名称：　　　　　　　　　　　　　　　　　　　　　　合同编号：

致：（监理机构）

我方按要求完成计日工工作，现申报计日工工程量，请贵方审核。

附件：1. 计日工工作通知。
2. 计日工现场签认凭证。
3.

施工单位：（盖章）
项目经理：（签名）
日　　期：　　　年　　月　　日

序号	工程项目名称	计日工内容	单位	申报工程量	核准工程量	说明
1						
2						
3						
4						
5						

审核意见：

监 理 机 构：（盖章）
监理工程师：（签名）
日　　期：　　　年　　月　　日

说明：本表由施工单位每个工作日完成后填写。经监理机构审签后，施工单位2份，监理机构、项目承担单位（项目法人）各1份，作结算时使用。

CB28

工程价款月支付申请书

（承包[　　　　]月付　　　号）

合同名称：　　　　　　　　　　　　　　　　　　　　　　　合同编号：

<table>
<tr><td>致：（监理机构）
　　我方今申请支付________年____月工程价款金额共计（大写）______________________________（小写____________），请贵方审核。

　　附表：1. 工程价款月支付汇总表。
　　　　　2. 已完工程量汇总表。
　　　　　3. 合同单价项目月支付明细表。
　　　　　4. 合同合价项目月支付明细表。
　　　　　5. 合同新增项目月支付明细表。
　　　　　6. 计日工项目月支付明细表。
　　　　　7. 计日工工程量月汇总表。
　　　　　8. 索赔项目价款月支付汇总表。
　　　　　9. 其他。

施工单位：（盖章）
项目经理：（签名）
日　　期：　　　　年　　月　　日</td></tr>
<tr><td>　　审核后，监理机构将另行签发月付款证书。

监理机构：（盖章）
签 收 人：（签名）
日　　期：　　　　年　　月　　日</td></tr>
</table>

说明：本申请书及附表由施工单位填写。监理机构审签后，作为月付款证书的附件报送项目承担单位（项目法人）批准。

CB28 附表 1

工程价款月支付汇总表

（承包[　　　]月总　　号）

合同名称：　　　　　　　　　　　　　　　　合同编号：

<table>
<tr><td colspan="6">致：（监理机构）
我方今申报________年____月支付工程价款，月总支付金额为（大写）______________________（小写____________），请贵方审核。</td></tr>
<tr><td colspan="2">工程或费用名称</td><td>本期前累计完成金额（元）</td><td>本期申请金额（元）</td><td>本期末累计完成金额（元）</td><td>备注</td></tr>
<tr><td rowspan="8">应支付金额</td><td>合同单价项目</td><td></td><td></td><td></td><td></td></tr>
<tr><td>合同合价项目</td><td></td><td></td><td></td><td></td></tr>
<tr><td>合同新增项目</td><td></td><td></td><td></td><td></td></tr>
<tr><td>计日工项目</td><td></td><td></td><td></td><td></td></tr>
<tr><td>索赔项目</td><td></td><td></td><td></td><td></td></tr>
<tr><td>价格调整</td><td></td><td></td><td></td><td></td></tr>
<tr><td>延期付款利息</td><td></td><td></td><td></td><td></td></tr>
<tr><td>其他</td><td></td><td></td><td></td><td></td></tr>
<tr><td colspan="2">应支付金额合计</td><td></td><td></td><td></td><td></td></tr>
<tr><td rowspan="5">扣除金额</td><td>工程预付款</td><td></td><td></td><td></td><td></td></tr>
<tr><td>材料预付款</td><td></td><td></td><td></td><td></td></tr>
<tr><td>保留金</td><td></td><td></td><td></td><td></td></tr>
<tr><td>违约赔偿</td><td></td><td></td><td></td><td></td></tr>
<tr><td>其他</td><td></td><td></td><td></td><td></td></tr>
<tr><td colspan="2">扣除金额合计</td><td></td><td></td><td></td><td></td></tr>
<tr><td colspan="6">月总支付金额：　佰　拾　万　仟　佰　拾　元　角　分</td></tr>
<tr><td colspan="6">施工单位：（盖章）
项目经理：（签名）
日　期：　　年　月　日</td></tr>
<tr><td colspan="6">监理机构将另行签发审核意见。
监理机构：（盖章）
签 收 人：（签名）
日　期：　　年　月　日</td></tr>
</table>

说明：本表由施工单位填写。作为 CB28 的附表，一同流转，审批结算时用。

CB28 附表 2

已完工程量汇总表

（承包[ ]量总 号）

合同名称： 合同编号：

致：（监理机构）

我方将本月已完工程量汇总如下表，请贵方审核。

附件：工程计量报验单。

序号	项目名称	项目内容	单位	核准工程量	备注

施工单位：（盖章）

项目经理：（签名）

日 期： 年 月 日

审核意见：

监 理 机 构：（盖章）

总监理工程师：（签名）

日 期： 年 月 日

说明：本表由施工单位依据已签认的工程计量报验单填写。监理机构审签后，作为 CB28 的附表，一同流转，审批结算时用。

CB28 附表 3

合同单价项目月支付明细表

（承包[　　　　　]单价　　　号）

合同名称：　　　　　　　　　　　　　　　　　　　　合同编号：

致：（监理机构）

本月合同单价项目月支付明细如下表，我方申请支付的工程价款总金额为（大写）＿＿＿＿＿＿＿＿＿＿＿＿（小写＿＿＿＿＿＿＿＿＿＿），请贵方审核。

序号	合同价号	价号名称	单位	合同工程量	合同单价（元）	本月完成		累计完成		监理审核意见
						工程量	金额（元）	工程量	金额（元）	

月合同单价项目总支付金额：　　佰　　拾　　万　仟　佰　拾　元　角　分

施工单位：（盖章）

项目经理：（签名）

日　期：　　　年　　月　　日

经审核，本月应支付合同合价工程价款总金额为（大写）＿＿＿＿＿＿＿＿＿＿＿＿＿＿＿＿＿＿＿＿（小写＿＿＿＿＿＿＿＿＿＿）。

监 理 机 构：（盖章）

总监理工程师：（签名）

日　　期：　　　年　　月　　日

说明：本表由施工单位填写。监理机构审签后，作为 CB28 的附表，一同流转，审批结算时用。

CB28 附表 4

合同合价项目月支付明细表

（承包[　　　　]合价　　号）

合同名称：　　　　　　　　　　　　　　　　　　合同编号：

致：（监理机构）

本月合同合价项目月支付明细如下表，我方申请支付的工程价款总金额为（大写）＿＿＿＿＿＿＿（小写＿＿＿＿＿＿），请贵方审核。

序号	合同价号	价号名称	合同合价金额（元）	本月申报支付金额（元）	累计支付金额（元）	支付比例（%）	监理审核意见	备注

月合同合价项目总支付金额：　佰　拾　万　仟　佰　拾　元　角　分

施工单位：（盖章）

项目经理：（签名）

日　　期：　　　年　　月　　日

经审核，本月应支付合同合价工程价款总金额为（大写）＿＿＿＿＿＿＿＿＿＿（小写＿＿＿＿＿＿＿＿）。

监 理 机 构：（盖章）

总监理工程师：（签名）

日　　期：　　　年　　月　　日

说明：本表由施工单位填写。监理机构审签后，作为 CB28 的附表，一同流转，审批结算时用。

CB28 附表 5

合同新增项目月支付明细表

（承包[　　　　]新增　　号）

合同名称：　　　　　　　　　　　　　　　　　　　　　　合同编号：

致：（监理机构）

根据□变更指示（监理[　　]变指　　号）/□监理通知（监理[　]通知____号），我方今申请________年____月已完成新增项目的工程价款总金额为（大写）__________________（小写______________），请贵方审核。

附件：1. 施工质量合格证明。

2. 工程测量、计算数据和必要说明。

3. 变更项目价格签认单。

4.

序号	项目名称	项目内容	单位	核准单价（元）	申报工程量	申报合价（元）	审定工程量	审定合价（元）
合计								

施工单位：（盖章）
项目经理：（签名）
日　　期：　　　　年　　月　　日

经审核，本月应支付合同新增工程价款总金额为（大写）______________________________（小写__________________）。

监 理 机 构：（盖章）
总监理工程师：（签名）
日　　期：　　　　年　　月　　日

说明：本表由施工单位填写。监理机构审签后，作为 CB28 的附表，一同流转，审批结算时用。

CB28 附表 6

计日工项目月支付明细表

（承包[　　　　]计日付　　号）

合同名称：　　　　　　　　　　　　　　　　　　合同编号：

致：（监理机构）

我方今申请支付本月完成计日工工程价款总金额为（大写）______________________________（小写____________________），请贵方审核。

附件：1. 计日工工程量月汇总表 CB28 附表 6-1。

2. 计日工单价报审表。

序号	计日工内容	核准工程量	单位	单价（元）	本月完成金额（元）	累计完成金额（元）	监理审核意见	备注

计日工项目月总支付金额：　佰　拾　万　仟　佰　拾　元　角　分

施工单位：（盖章）

项目经理：（签名）

日　　期：　　　年　　月　　日

经审核，本月应支付计日工工程价款总金额为（大写）______________________________（小写____________________）。

监 理 机 构：（盖章）

总监理工程师：（签名）

日　　期：　　　年　　月　　日

说明：1. 本表由施工单位填写。监理机构审签后，作为 CB28 的附表，一同流转，审批结算时用。

2. 核准工程量依据计日工工程量月汇总表 CB28 附表 6-1 填写。

CB28 附表 6-1

计日工工程量月汇总表

（承包[ ]计日总 号）

合同名称：　　　　　　　　　　　　　　合同编号：

致：（监理机构）

我方依据经监理机构签认的计日工工程量签证单，汇总为本表，请贵方审核。

附件：计日工工程量签证单。

序号	计日工内容	单位	申报工作量	核准工程量	说明
1					
2					
3					
4					
5					
6					
7					
8					
9					

施工单位：（盖章）

项目经理：（签名）

日　期：　　年　月　日

审核意见：

监 理 机 构：（盖章）

监理工程师：（签名）

日　期：　　年　月　日

说明：本表由施工单位根据每个结算月汇总计日工工程量签证单填写。经监理机构审签后，作结算用附件。

CB28 附表 7

索赔项目价款月支付汇总表

（承包[　　　　]赔总　　号）

合同名称：　　　　　　　　　　　　　　　　　　　　　　合同编号：

致：（监理机构）

我方根据费用索赔签证单，现申请支付本月索赔项目价款总金额为（大写）________________

（小写________________），请贵方审核。

附件：费用索赔签认单。

序号	费用索赔签认单号	核准索赔金额	备注
1			
2			
3			
4			
5			
6			
7			
8			
合计			

施工单位：（盖章）

项目经理：（签名）

日　　期：　　　年　　月　　日

经审核，本月应支付索赔项目价款总金额为（大写）________________________

（小写________________）。

监 理 机 构：（盖章）

总监理工程师：（签名）

日　　期：　　　年　　月　　日

说明：本表由施工单位依据费用索赔签认单填写。监理机构审签后，作为 CB28 的附表，一同流转，审批结算时用。

CB29

施工月报

（承包[　　　　]月报　　号）

合同名称：　　　　　　　　　　　　　　　　　　　　合同编号：

<table>
<tr><td>
致：（监理机构）
　　现呈报我方编写的________年____月施工月报，请贵方阅审。

　　随本月报一同上报以下附表：
　　1. 施工基本情况月报表。
　　2. 施工质量检验月汇总表。
　　3. 完成工程量月汇总表。
　　4. 其他。

施工单位：（盖章）
项目经理：（签名）
日　　期：　　　年　　月　　日
</td></tr>
<tr><td>
　　今已收到____________________（施工单位全称）所报________年____月的施工月报及附件共____份。

监理机构：（盖章）
签 收 人：（签名）
日　　期：　　　年　　月　　日
</td></tr>
</table>

说明：1. 施工月报由施工单位填写，每月 28 日前报监理机构，监理机构签收后，施工单位、监理机构、项目承担单位（项目法人）各 1 份。

2. 施工月报内容应包括：本合同段工程总体形象，在建各分部工程进展情况和主要施工内容、施工进度、施工质量、完成施工工作量、合同履约情况、施工大事记、本月存在问题及建议等内容。

CB29

施　工　月　报

（承包[　　　　　]月报　　号）

________年　第____期

________年____月____日至________年____月____日

工程名称：____

合同编号：____

施工单位：（全称及盖章）________________________________

项目经理：（签名）____________________________________

日　　期：________年____月____日

CB29 附表 1　　　　　　　　　　**施工基本情况月报表**

（承包[　　　　　]基本月　　号）

合同名称：　　　　　　　　　　　　　　　　　　　　　合同编号：

一、本合同工程总体形象

二、在建各单项工程、单位工程、分部工程进展情况

三、主要施工内容、施工进度

四、施工情况（合同履约情况）

五、本月存在问题及建议等内容

六、施工大事记

七、其他

说明：本表由施工单位编写，作为《施工月报》的附件一同上报。

CB29 附表 2

施工质量检验月汇总表

（承包[　　　]质检月　　号）

合同名称：　　　　　　　　　　　　　　　　合同编号：

序号	检验部位	检验项目	检验数量	检验人	检验日期	检测结果

施工单位：（盖章）

承 办 人：（签名）

日　　期：　　　　年　　月　　日

说明：本表由施工单位填写，作为《施工月报》的附件一同上报。

CB29 附表 3

完成工程量月汇总表

（承包[　　　]量总月　　号)

合同名称：　　　　　　　　　　　　　　　　　　合同编号：

序号	分部工程名称	分部工程编码	单位	合同工程量	本月完成工程量	至本月已累计完成工程量

填报说明：

施工单位：(盖章)

承 办 人：(签名)

日　　期：　　　　年　　月　　日

说明：本表一式____份，由施工单位填写，作为《施工月报》的附件一同上报。

CB30

验收申请报告

（承包[　　　　]验报　　号）

合同名称：　　　　　　　　　　　　　　　　　　　合同编号：

<table>
<tr><td colspan="3">致：（监理机构）
________________工程项目已经按计划于______年____月____日基本完工，零星未完工程及缺陷修复拟按申报计划实施，验收文件也已准备就绪，现申请验收。</td></tr>
<tr><td rowspan="2">□合同项目完工验收
□单项工程验收
□单位工程验收
□分部工程验收</td><td>验收工程名称、编码</td><td>申请验收时间</td></tr>
<tr><td></td><td></td></tr>
<tr><td colspan="3">附件：1. 零星未完工程施工计划。
2. 缺陷修复计划。
3. 验收报告、资料。
4.

施工单位：（盖章）
项目经理：（签名）
日　　期：　　　年　　月　　日</td></tr>
<tr><td colspan="3">监理机构将另行签发审核意见。

监理机构：（盖章）
签 收 人：（签名）
日　　期：　　　年　　月　　日</td></tr>
</table>

说明：本表由施工单位填写。监理机构审签后，随同审核意见，施工单位、监理机构、项目承担单位（项目法人）、设代机构各1份。

CB31

报告单

（承包[　　　　]报告　　号）

合同名称：　　　　　　　　　　　　　　　　　　　　合同编号：

<table>
<tr><td>报告事由：

施工单位：(盖章)
项目经理：(签名)
日　　期：　　　　年　　月　　日</td></tr>
<tr><td>监理机构意见：

监 理 机 构：(盖章)
总监理工程师：(签名)
日　　　期：　　　年　　月　　日</td></tr>
<tr><td>项目承担单位(项目法人)意见：

项目承担单位(项目法人)：(盖章)
负 责 人：(签名)
日　　期：　　　　年　　月　　日</td></tr>
</table>

说明：本表由施工单位填写。监理机构、项目承担单位(项目法人)审签后，施工单位 2 份，监理机构、项目承担单位(项目法人)各 1 份。

CB32

回复单

（承包[　　　　]回复　　号）

合同名称：　　　　　　　　　　　　　　　　　　合同编号：

<table>
<tr><td>致：（监理机构）
事由：

回复内容：

附件：1.
2.

施工单位：（盖章）
项目经理：（签名）
日　　期：　　　年　　月　　日</td></tr>
<tr><td>今已收到______________（施工单位全称）关于______________的回复单共________份。

监理机构：（盖章）
签 收 人：（签名）
日　　期：　　　年　　月　　日</td></tr>
</table>

说明：1. 本表由施工单位填写。监理机构签收后，施工单位、监理机构各1份。
2. 本表主要用于施工单位对监理机构发出的监理通知、指令、指示的回复。

CB33

施工日志

（承包[　　　]日志　　号）

合同名称：　　　　　　　　　　　　　　　　　　　合同编号：

<table>
<tr><td colspan="2">年　　月　　日</td><td>星期：</td><td>天气：</td><td>最高温度：</td><td>最低温度：</td><td>风力：</td></tr>
<tr><td colspan="2">本日主要施工内容及施工情况</td><td colspan="5"></td></tr>
<tr><td colspan="2">工程技术管理及施工人员情况</td><td colspan="5"></td></tr>
<tr><td colspan="2">主要施工机械使用情况</td><td colspan="5"></td></tr>
<tr><td colspan="2">主要材料进场及使用情况</td><td colspan="5"></td></tr>
<tr><td colspan="2">原材料及中间产品送样检验情况</td><td colspan="5"></td></tr>
<tr><td colspan="2">工程质量检验与评定情况</td><td colspan="5"></td></tr>
<tr><td colspan="2">存在的问题及处理情况</td><td colspan="5"></td></tr>
<tr><td colspan="2">来往文件及通知</td><td colspan="5"></td></tr>
<tr><td colspan="2">其他</td><td colspan="5"></td></tr>
<tr><td colspan="3">记录人：</td><td colspan="4">审核人：</td></tr>
</table>

说明：本表由项目经理指定专人每日汇总当日工程情况并及时填写，工程科（质检安全科）科长或技术负责人审核，按月装订成册。

CB34 完工/最终付款申请表

（承包[　　　　]付申　　号）

合同名称：　　　　　　　　　　　　　　　　合同编号：

<table>
<tr><td>
致：（监理机构）
依据施工合同约定，我方已完成合同项目________________________工程的施工，并□已通过工程验收/□工程移交证书已签发。现申请该工程的□完工付款/□最终付款。
经核计，我方共应获得工程价款总价为（大写）____________（小写________），已得到各项付款总价为（大写）____________（小写________），现申请剩余工程价款总价为（大写）____________（小写________），请贵方审核。

附件：计算资料、证明文件

施工单位：（盖章）
项目经理：（签名）
日　　期：　　　年　　月　　日
</td></tr>
<tr><td>
审核后监理机构将另行签发完工/最终付款证书。

监理机构：（盖章）
签 收 人：（签名）
日　　期：　　　年　　月　　日
</td></tr>
</table>

说明：本表由施工单位填写。监理机构审签后，随同付款证书，施工单位2份，监理机构、项目承担单位（项目法人）各1份。

JL01

进场通知

（监理[　　　　]进场　　号）

合同名称：　　　　　　　　　　　　　　　　　　　　合同编号：

<table>
<tr><td>

致：（施工单位）

根据施工合同约定，现签发________________________________工程项目进场通知。你方在接到该通知后，应及时调遣人员和施工设备、材料进场，完成各项施工准备工作。之后，尽快提交《合同项目开工申请表》。

该工程项目的开工日期为________年____月____日。

视施工合同双方的施工准备情况，监理机构另行签发合同工程开工令。

监 理 机 构：（盖章）
总监理工程师：（签名）
日　　　期：　　　年　　月　　日

</td></tr>
<tr><td>

今已收到____________________（监理机构全称）签发的进场通知。

施工单位：（盖章）
签 收 人：（签名）
日　　期：　　　年　　月　　日

</td></tr>
</table>

说明：本表由监理机构填写。施工单位签收后，施工单位、监理机构、项目承担单位（项目法人）各1份。

JL02

合同项目开工令

（监理[　　　　]合开工　　号）

合同名称：　　　　　　　　　　　　　　　　　　　　合同编号：

<table>
<tr><td>致：（施工单位）
你方________年____月____日报送的____工程项目开工申请（承包[　　　　]合开工　　号）已经通过审核。你方可从即日起，按施工计划安排开工。
本开工令确定此合同的实际开工日期为________年____月____日。

监　理　机　构：（盖章）
总监理工程师：（签名）
日　　　　期：　　　年　　月　　日</td></tr>
<tr><td>今已收到合同项目的开工令。

施工单位：（盖章）
项目经理：（签名）
日　　期：　　　年　　月　　日</td></tr>
</table>

说明：本表由监理机构填写。施工单位签收后，施工单位、监理机构、项目承担单位（项目法人）各1份。

JL03

分部工程开工通知

（监理[　　　　　]分开工　　号）

合同名称：　　　　　　　　　　　　　　　　　　合同编号：

<table>
<tr><td>
致：（施工单位）
　　你方______年____月____日报送的__________________________分部工程（编码为：______________）开工申请表（承包[　　　　]分开工　　号）已经通过审核。此开工通知确定该分部工程的开工日期为______年____月____日。

　　附注：

监 理 机 构：（盖章）
总监理工程师：（签名）
日　　　期：　　　年　　月　　日
</td></tr>
<tr><td>
　　今已收到分部工程的开工通知。

施工单位：（盖章）
项目经理：（签名）
日　　期：　　　年　　月　　日
</td></tr>
</table>

说明：本表由监理机构填写。施工单位签收后，施工单位、监理机构、项目承担单位（项目法人）各1份。

JL04

工程预付款支付证书

（监理[ ]工预付 号）

合同名称： 合同编号：

致：（项目承担单位（项目法人））

经审查，施工单位提供的预付款担保符合合同约定，并已获得你方认可，具备预付款支付条件。根据施工合同，你方应向施工单位支付第________次工程预付款，金额为：

大写____________________。

小写____________________。

监 理 机 构：（盖章）

总监理工程师：（签名）

日 期： 年 月 日

说明：本证书由监理机构填写。施工单位2份，监理机构、项目承担单位（项目法人）各1份。

JL05

批复表

（监理[　　　]批复　　号）

合同名称：　　　　　　　　　　　　　　　　合同编号：

<table>
<tr><td>致：（施工单位）
你方于＿＿＿＿年＿＿月＿＿日报送的＿＿＿＿＿＿＿＿＿＿＿＿＿＿＿＿＿＿＿＿
（文号：＿＿＿＿＿），经监理机构审核，批复意见如下：

附件：

监 理 机 构：（盖章）
总监理工程师/
监 理 工 程 师：（签名）
日　　期：　　年　　月　　日</td></tr>
<tr><td>施工单位：（盖章）
签 收 人：（签名）
日　　期：　　年　　月　　日</td></tr>
</table>

说明：1. 本表由监理机构填写。施工单位签收后，施工单位、监理机构、项目承担单位（项目法人）各1份。
2. 一般批复由监理工程师签发，重要批复由总监理工程师签发。
3. 本批复表可用于对施工单位的申请、报告的批复。

JL06

监理通知

（监理[　　　　]通知　　号）

合同名称：　　　　　　　　　　　　　　　　　　　　合同编号：

<table>
<tr><td>致：（施工单位）
事由：

通知内容：

附件：

监 理 机 构：（盖章）
总监理工程师/
监 理 工 程 师：（签名）
日　　期：　　年　月　日</td></tr>
<tr><td>施工单位：（盖章）
签 收 人：（签名）
日　　期：　　年　月　日</td></tr>
</table>

说明：1. 本通知由监理机构填写。施工单位签收后，施工单位、监理机构、项目承担单位（项目法人）各1份。

2. 一般通知由监理工程师签发，重要通知由总监理工程师签发。

3. 本通知单可用于对施工单位的指示。

JL07

监理报告

（监理[　　　　]报告　　号）

合同名称：　　　　　　　　　　　　　　　　　　　　　合同编号：

<table>
<tr><td>致：（项目承担单位（项目法人））
报告内容：

监　理　机　构：（盖章）
总监理工程师：（签名）
日　　　期：　　　年　　月　　日</td></tr>
<tr><td>致：（监理机构）
本报告内容经我方研究后，答复如下：

项目承担单位（项目法人）：（盖章）
负　责　人：（签名）
日　　期：　　　年　　月　　日</td></tr>
</table>

说明：1. 本表由监理机构填写。项目承担单位（项目法人）批复后留 1 份，退回监理机构 2 份。

2. 本表可用于监理机构认为需报请项目承担单位（项目法人）批示的各项事宜。

JL08

计日工工作通知

（监理[　　　]计通　　号）

合同名称：　　　　　　　　　　　　　　　　　　合同编号：

致：（施工单位）

现决定对下列工作按计日工予以安排，请据以执行。

序号	工作项目或内容	计划工作时间	计价及付款方式	备注

附件：

监 理 机 构：（盖章）
总监理工程师：（签名）
日　　　期：　　　年　　月　　日

我方将按通知执行。

施工单位：（盖章）
项目经理：（签名）
日　　期：　　　年　　月　　日

说明：1. 本表由监理机构填写。施工单位签收后，施工单位 2 份，监理机构、项目承担单位（项目法人）各 1 份。
2. 计价及付款方式依据合同约定方式或由双方协商，包括：按合同计日工单价支付；另行报价，经监理机构审核并报请项目承担单位（项目法人）核准后执行；按总价另行申报支付或其他方式。

JL09

工程现场书面指示

（监理[ ]现指 号）

合同名称： 合同编号：

<table>
<tr><td>
致：（施工单位）

请你方执行本指示内容。本指示单你方签名后立即生效。
指示内容与要求：

发布指示依据：

监 理 机 构：（盖章）
监理工程师：（签名）
日 期： 年 月 日
</td></tr>
<tr><td>
我方将：
□按指示执行
□按指示执行，并提出我方意见（另行报请审核）

施 工 单 位：（盖章）
现场负责人：（签名）
日 期： 年 月 日
</td></tr>
</table>

说明：本表由监理机构填写。施工单位签署意见后，施工单位、监理机构各1份。

JL10

整改通知

（监理[　　　　]整改　　号）

合同名称：　　　　　　　　　　　　　　　　　　合同编号：

<table>
<tr><td colspan="2">致：（施工单位）
由于本通知所述原因，通知你方对＿＿＿＿＿＿＿＿＿＿＿＿＿＿工程项目应按下述要求进行整改，并于＿＿＿＿年＿＿月＿＿日前提交整改措施报告，确保整改的结果达到要求。</td></tr>
<tr><td>整改原因</td><td>□施工质量经检验不合格
□材料、设备不符合要求
□未按设计文件要求施工
□工程变更
□</td></tr>
<tr><td>整改要求</td><td>□拆除　　　　　　　　　　　　□返工
□更换、增加材料、设备　　　　□修补缺陷
□调整施工人员　　　　　　　　□</td></tr>
<tr><td colspan="2">□整改所发生费用由施工单位承担
□整改所发生费用可另行申报
□

监 理 机 构：（盖章）
总监理工程师：（签名）
日　　期：　　年　　月　　日</td></tr>
<tr><td colspan="2">现已收到整改通知，我方将根据通知要求进行整改，并按要求提交整改措施报告。

施工单位：（盖章）
项目经理：（签名）
日　　期：　　年　　月　　日</td></tr>
</table>

说明：本表由监理机构填写。施工单位签收后，施工单位、监理机构、项目承担单位（项目法人）各1份。

JL11

变更指示

（监理[　　　　]变指　　号）

合同名称：　　　　　　　　　　　　　　　　　　　　合同编号：

<table>
<tr><td colspan="2">致：（施工单位）
现决定对本合同项目作如下变更或调整，你方应根据本指示于______年____月____日前提交相应的施工技术方案、进度计划。</td></tr>
<tr><td>变更项目名称</td><td></td></tr>
<tr><td>变更内容简述</td><td></td></tr>
<tr><td>变更工程量</td><td></td></tr>
<tr><td>变更技术要求</td><td></td></tr>
<tr><td>其他内容</td><td></td></tr>
<tr><td colspan="2">附件：变更文件、施工图纸。

监 理 机 构：（盖章）
总监理工程师：（签名）
日　　期：　　年　　月　　日</td></tr>
<tr><td colspan="2">接受变更指示，并按要求提交施工技术方案、进度计划。

施工单位：（盖章）
项目经理：（签名）
日　　期：　　年　　月　　日</td></tr>
</table>

说明：本表由监理机构填写。施工单位签字后，施工单位、监理机构、项目承担单位（项目法人）、设代机构各1份。

JL12

变更项目价格审核表

（监理[　　　]变价审　　号）

合同名称：　　　　　　　　　　　　　　　　　　　合同编号：

致：（施工单位）

根据有关规定和施工合同约定，你方提出的变更项目价格申报表（承包[　　　]变价　　号），经我方审核，变更项目价格如下。

序号	项目名称	单位	监理审核单价	备注

附件：

监 理 机 构：（盖章）

总监理工程师：（签名）

日　　期：　　年　月　日

说明：本表由监理机构填写。施工单位、监理机构、项目承担单位（项目法人）各1份。

JL13

变更项目价格签认单

（监理[　　　]变价签　　号）

合同名称：　　　　　　　　　　　　　　　　合同编号：

根据有关规定和施工合同约定，经友好协商，项目承担单位（项目法人）、施工单位原则同意监理机构签发的变更项目价格审核表（监理[　　　]变价审　　号），最终确定变更项目价格如下。

序号	项目名称	单位	核定单价	备注

施工单位：（盖章）
项目经理：（签名）
日　期：　　　　年　　月　　日

项目承担单位（项目法人）：（盖章）
负 责 人：（签名）
日　期：　　　　年　　月　　日

监 理 机 构：（盖章）
总监理工程师：（签名）
日　　期：　　　　年　　月　　日

说明：本表由监理机构填写。各方签字后，监理机构、项目承担单位（项目法人）各1份，施工单位2份，办理结算时用。

JL14

变更通知

（监理[ ]变通 号）

合同名称： 合同编号：

致：（施工单位）

根据□变更项目价格签认单（监理[ ]变价签 号）/□批复表（监理[ ]批复 号），你方按本通知调整价款和工期。

项目号	变更项目内容	单位	数量（增（+）或减（-））	单价	增加金额（元）	减少金额（元）
合计						

合同工期日数的增加：

1. 原合同工期（日历天）________（天）。
2. 本通知同意延长工期日数________（天）。
3. 现合同工期（日历天）________（天）。

监理机构：（盖章）
总监理工程师：（签名）
日期： 年 月 日

施工单位：（盖章）
签收人：（签名）
日期： 年 月 日

说明：本表由监理机构填写。施工单位签字后，施工单位2份，监理机构、项目承担单位（项目法人）各1份。

JL15

暂停施工通知

（监理[ ]停工 号）

合同名称： 合同编号：

<table>
<tr><td colspan="2">致：（施工单位）
由于本通知所述原因，现通知你方于____年____月____日____时对________工程（编码：________）项目暂停施工。</td></tr>
<tr><td>工程暂停施工原因</td><td></td></tr>
<tr><td>引用合同条款或法规依据</td><td></td></tr>
<tr><td>停工期间要求</td><td></td></tr>
<tr><td>合同责任</td><td></td></tr>
<tr><td colspan="2">监 理 机 构：（盖章）
总监理工程师：（签名）
日 期： 年 月 日</td></tr>
<tr><td colspan="2">施工单位：（盖章）
签 收 人：（签名）
日 期： 年 月 日</td></tr>
</table>

说明：本表由监理机构填写。施工单位签字后，施工单位、监理机构、项目承担单位（项目法人）各1份。

JL16

复工通知

（监理[　　　　　]复工　　号）

合同名称：　　　　　　　　　　　　　　　　　　合同编号：

<table>
<tr><td>致：（施工单位）
　　鉴于暂停施工通知（监理[　　　　　]停工　　号）所述原因已经消除，你方可于________年____月____日____时起对________________________________工程（编码：________）项目恢复施工。

　　附件：

监　理　机　构：（盖章）
总监理工程师：（签名）
日　　　　期：　　　　年　　月　　日</td></tr>
<tr><td>

施工单位：（盖章）
签　收　人：（签名）
日　　期：　　　　年　　月　　日</td></tr>
</table>

说明：本表由监理机构填写。施工单位签字后，施工单位、监理机构、项目承担单位（项目法人）各1份。

JL17

费用索赔审核表

（监理[　　　　]索赔审　　号）

合同名称：　　　　　　　　　　　　　　　　　　　　　合同编号：

致：（施工单位）

根据有关规定和施工合同约定，你方提出的索赔申请报告（承包[　　　　]赔报　　号），索赔金额（大写）＿＿＿＿＿＿＿＿＿＿（小写＿＿＿＿＿＿＿＿），经我方审核：

□不同意此项索赔

□同意此项索赔，核准索赔金额为（大写）＿＿＿＿＿＿＿＿＿＿（小写＿＿＿＿＿＿＿＿）。

附件：索赔分析、审核文件。

监 理 机 构：（盖章）

总监理工程师：（签名）

日　　期：　　　年　　月　　日

说明：本表由监理机构填写。施工单位、监理机构、项目承担单位（项目法人）各1份。

JL18

费用索赔签认单

（监理[　　　　]索赔签　　号）

合同名称：　　　　　　　　　　　　　　　　　　　合同编号：

<table>
<tr><td>根据有关规定和施工合同约定，经友好协商，项目承担单位（项目法人）、施工单位原则同意监理机构签发的费用索赔审核表（监理[　　　　]索赔审　　号），最终核定索赔金额确定为（大写）____________（小写____________）。</td></tr>
<tr><td>施工单位：（盖章）
项目经理：（签名）
日　　期：　　　年　　月　　日</td></tr>
<tr><td>项目承担单位（项目法人）：（盖章）
负 责 人：（签名）
日　　期：　　　年　　月　　日</td></tr>
<tr><td>监 理 机 构：（盖章）
总监理工程师：（签名）
日　　　期：　　　年　　月　　日</td></tr>
</table>

说明：本表由监理机构填写。各方签字后，监理机构、项目承担单位（项目法人）各 1 份，施工单位 2 份，办理结算时用。

JL19

工程价款月付款证书

（监理[　　　　]月付　　号）

合同名称：　　　　　　　　　　　　　　　　　　　　　　　　合同编号：

致：（项目承担单位（项目法人））

经审核施工单位的工程价款月支付申请书（承包[　　　　]月付　　号），本月应支付给施工单位的工程价款金额共计为（大写）____________________（小写________________）。

根据施工合同约定，请贵方在收到此证书后的________天之内完成审批，将上述工程价款支付给施工单位。

附件：1. 月支付审核汇总表。

2.

监 理 机 构：（盖章）

总监理工程师：（签名）

日　　期：　　　年　　月　　日

说明：本证书由监理机构填写。项目承担单位（项目法人）、监理机构各1份，施工单位2份，办理结算时用。

JL19 附表 1

月支付审核汇总表

（监理[　　　　]月总　　号）

合同名称：　　　　　　　　　　　　　　　　　　合同编号：

工程或费用名称		本月前累计完成金额（元）	本月施工单位申请金额（元）	本月监理机构审核金额（元）	监理审核意见	备注
应支付金额	合同单价项目					
	合同合价项目					
	合同新增项目					
	计日工项目					
	材料预付款					
	索赔项目					
	价格调整					
	延期付款利息					
	其他					
应支付金额合计						
扣除金额	工程预付款					
	材料预付款					
	保留金					
	违约赔偿					
	其他					
扣除金额合计						

月应支付总金额：　佰　拾　万　仟　佰　拾　元　角　分

经审核，________年____月施工单位应得到的支付金额共计为（大写）____________________（小写________________）。

监 理 机 构：（盖章）

总监理工程师：（签名）

日　　　期：　　　年　　月　　日

说明：本表由监理机构填写。项目承担单位（项目法人）1 份，施工单位 3 份，监理机构 2 份，作为月报及工程价款月支付证书的附件。

JL20

合同解除后付款证书

（监理[　　　　]解付　　号）

合同名称：

合同编号：

致：（项目承担单位（项目法人））

根据施工合同约定，经审核，合同解除后，施工单位共应获得工程价款总价为（大写）______________（小写 ______________），已得到各项付款总价为（大写）______________（小写 ______________），现应支付剩余工程价款总价为（大写）______________（小写______________）。根据施工合同的约定，请贵方在收到此证书的________天之内完成审批，将上述工程价款支付给施工单位。

附件：1. 合同解除相关文件。

2. 计算资料、证明文件。

3.

监 理 机 构：（盖章）

总监理工程师：（签名）

日　　　期：　　　年　　月　　日

说明：本表由监理机构填写。项目承担单位（项目法人）、监理机构各1份，施工单位2份，作为结算的附件。

JL21

完工/最终付款证书

（监理[　　　　　]付证　　号）

合同名称：　　　　　　　　　　　　　　　　　　　　合同编号：

监理机构：

致：（项目承担单位（项目法人）） 经审核施工单位的 □ 完工付款申请/□最终付款申请（承包[　　]付申　　号），应支付给施工单位的金额共计为（大写）____________________（小写__________）。 根据合同约定，请贵方在收到□完工付款证书/□最终付款证书后的__________天之内完成审批，将上述工程款金额支付给施工单位。 附件：1. 完工/最终付款申请书。 2. 计算资料。 3. 证明文件。 4. 监 理 机 构：（盖章） 总监理工程师：（签名） 日　　　期：　　　　年　　月　　日

说明：本证书由监理机构填写。监理机构及项目承担单位（项目法人）各 1 份，施工单位 2 份，办理结算时用。

JL22

工程移交通知

（监理[　　　]移交　　号）

合同名称：　　　　　　　　　　　　　　　　　　合同编号：

<table>
<tr><td colspan="2">致：（施工单位）
鉴于____________工程已于______年____月____日通过
□竣工验收
根据有关规定和施工合同约定，可按本通知的要求，办理移交手续。
特此通知。</td></tr>
<tr><td>工程移交
日期</td><td>□请于______年____月____日办妥移交手续。
□</td></tr>
<tr><td>保修期起算
日期</td><td>□本工程保修期，自该工程的移交证书中写明的实际完工之日起算，保修期为____个月。</td></tr>
<tr><td colspan="2">办理移交手续前应完成的工作项目：
1.
2.
3.
4.

监 理 机 构：（盖章）
总监理工程师：（签名）
日　　期：　　　年　　月　　日</td></tr>
<tr><td colspan="2">施工单位：（盖章）
签 收 人：（签名）
日　　期：　　　年　　月　　日</td></tr>
</table>

说明：本通知由监理机构填写。施工单位签字后，施工单位、监理机构、项目承担单位（项目法人）各1份。

JL23

工程移交证书

（监理[　　　　]移证　　号）

合同名称：　　　　　　　　　　　　　　　　　　　　合同编号：

致：（施工单位）

____________工程已按施工合同和监理机构的指示完成（该证书中注明的工程缺陷和未完工程除外），并于______年____月____日经过竣工验收。根据有关规定和施工合同约定，签发此工程移交证书。从本移交证书颁发之日开始，工程正式移交给项目承担单位（项目法人）。本工程的实际完工之日为______年____月____日，并从此日开始，该工程进入保修期。

附件：工程缺陷及未完工程内容清单。

监 理 机 构：（盖章）

总监理工程师：（签名）

日　　期：　　年　　月　　日

说明：本证书由监理机构填写。监理机构及项目承担单位（项目法人）各1份，施工单位2份。

JL24

保留金付款证书

（监理[　　　　]保付　　号）

合同名称：　　　　　　　　　　　　　　　　　　合同编号：

<table>
<tr><td colspan="4">致：（项目承担单位（项目法人））
　　经审核，现应支付给施工单位的保留金金额共计为（大写）________________（小写________________）。根据施工合同的约定，请贵方在收到该保留金付款证书后的____天之内完成审批，将上述金额支付给施工单位。</td></tr>
<tr><td>支付保留金已具备的条件</td><td colspan="3">□于________年____月____日签发工程移交证书
□于________年____月____日签发保修责任终止证书</td></tr>
<tr><td rowspan="4">保留金支付金额</td><td>保留金总金额</td><td colspan="2">佰　拾　万　仟　佰　拾　元　角　分</td></tr>
<tr><td>已支付金额</td><td colspan="2">佰　拾　万　仟　佰　拾　元　角　分</td></tr>
<tr><td>尚应扣留的金额</td><td colspan="2">佰　拾　万　仟　佰　拾　元　角　分
扣留的原因：
□ 施工合同约定
□ 未完工程或缺陷
□</td></tr>
<tr><td>应支付金额</td><td colspan="2">佰　拾　万　仟　佰　拾　元　角　分</td></tr>
<tr><td colspan="4">监 理 机 构：（盖章）
总监理工程师：（签名）
日　　　期：　　　年　　月　　日</td></tr>
</table>

说明：本证书由监理机构填写。监理机构及项目承担单位（项目法人）各1份，施工单位2份。办理结算时用。

JL25

保修责任终止证书

（监理[　　　]责终　　号）

合同名称：　　　　　　　　　　　　　　　　　　　合同编号：

致：（施工单位）

鉴于____________________工程移交证书（监理[　　] 移证　　号）中列出的工程缺陷及未完工程尾工和保修期内因施工质量造成的缺陷，已经于________年____月____日以前完工和处理完毕，并由监理机构确认符合相关规定和约定。

依据施工合同和上述工程移交证书规定，本工程保修期已于________年____月____日期满，特此通知。

监 理 机 构：（盖章）

总监理工程师：（签名）

日　　期：　　　年　　月　　日

说明：本证书由监理机构填写。施工单位 2 份，监理机构及项目承担单位（项目法人）各 1 份。

JL26

施工设计图纸签发表

（监理[　　　　]图发　　号）

合同名称：　　　　　　　　　　　　　　　　　　　　　　　合同编号：

致：(施工单位)

本批审签图纸________张，文字报告和说明________张，见下表。

序号	施工设计图纸名称	文图号	发送份数	备注
1				
2				
3				
4				
5				
6				
7				
8				

监 理 机 构：(盖章)

总监理工程师：(签名)

日　　期：　　　年　　月　　日

今已收到经监理签发图纸________张，文字报告和说明________张。

施工单位：(盖章)

签 收 人：(签名)

日　　期：　　　年　　月　　日

说明：本表由监理机构填写。施工单位签字后，施工单位、监理机构、项目承担单位（项目法人）、设计单位各1份。

JL27

监理月报

（监理[　　　　]月报　　号）

合同名称：　　　　　　　　　　　　　　　　　　　　　　合同编号：

<table>
<tr><td>
致：（项目承担单位（项目法人））
现呈报我方编写的________年____月监理月报，请贵方审阅。
随同监理月报一同上报以下附表：
1. 完成工程量月统计表。
2. 监理抽检情况月汇总表。
3. 工程变更月报表。
4. 其他。

监 理 机 构：（盖章）
总监理工程师：（签名）
日　　期：　　年　　月　　日
</td></tr>
<tr><td>
今已收到______________________________（监理机构全称）所报________年____月的监理月报及附件共____份。

项目承担单位（项目法人）：（盖章）
签收人：（签名）
日　　期：　　年　　月　　日
</td></tr>
</table>

说明：监理月报由监理机构填写，每月 5 日前报项目承担单位（项目法人）。项目承担单位（项目法人）签收后，监理机构、项目承担单位（项目法人）各 1 份。

JL27

监 理 月 报

（监理[　　　　　]月报　　号）

________年　第____期

________年____月____日至________年____月____日

工程名称：________________________________

项目承担单位（项目法人）：________________________________

监理机构：（全称及盖章）________________________________

总监理工程师：（签名）________________________________

________年____月____日

本月监理基本情况

一、本月工程施工情况

二、工程质量控制情况

三、工程进度控制情况

四、工程投资控制情况

五、安全生产及文明施工等情况

六、合同管理的基他工作情况

七、监理机构运行情况

八、本月存在问题及建议等内容

九、下月工作安排

十、监理大事记

十一、其他

说明:本表由施工单位编写,作为《施工月报》的附件一同上报。

JL27 附表 1

完成工程量月统计表

（监理[　　　　]量统月　　号）

合同名称：　　　　　　　　　　　　　　　　　　合同编号：

序号	分部工程名称	项目内容	单位	工程量	本月完成工程量	至本月已累计完成工程量

监 理 机 构：（盖章）

总监理工程师：（签名）

日　　　期：　　　年　　月　　日

说明：本表由监理机构填写，作为监理机构存档及月报时使用。

JL27 附表 2

监理抽检情况月汇总表

（监理[　　　　]抽检月　　号）

合同名称：　　　　　　　　　　　　　　　　　　合同编号：

序号	单元工程名称	单元工程编码	抽检日期	抽检内容及方法	抽检结果	抽检人
监理机构	（盖章）	总监理工程师	（签名）	日　期	年　　月　　日	

说明：本表由监理机构填写，作为监理机构存档和月报时使用。

JL27 附表 3

工程变更月报表

（监理[　　　　]变更月　　号）

合同名称：　　　　　　　　　　　　　　　　　　　　合同编号：

序号	变更工程名称（编号）	变更文件文号、图号	工程变更主要内容	备注
1				
2				
3				
4				
5				
6				
7				
8				
9				
10				

监理机构	（盖章）	总监理工程师	（签名）	日　期	年　　月　　日

说明：本表由监理机构填写，作为监理机构存档和月报时使用。

JL28

监理抽检试验登记表

（监理[　　　　]试记　　号）

合同名称：　　　　　　　　　　　　　　　　　合同编号：

序号	样品编号	样品所在单元工程名称	试验记录编号	试验完成日期	试验负责人	备注
1						
2						
3						
4						
5						
6						
7						
8						
9						
10						
11						

监理工程师	（签名）	填报日期	年　月　日

说明：监理机构实验室用表。

JL29

旁站监理值班记录

（监理[　　　　]旁站　　号）

合同名称：　　　　　　　　　　　　　　　　　　　　　合同编号：

<table>
<tr><td>日　期</td><td></td><td>单元工程名称</td><td></td><td>单元工程编码</td><td></td></tr>
<tr><td>班　次</td><td></td><td>天　气</td><td></td><td>温　度</td><td></td></tr>
<tr><td rowspan="6">人员情况</td><td colspan="5">现场施工负责人单位:____________姓名:________</td></tr>
<tr><td colspan="5">现场人员数量及分类人员数量</td></tr>
<tr><td colspan="2">____人员____个</td><td colspan="2">____人员____个</td><td>____人员____个</td></tr>
<tr><td colspan="2">____人员____个</td><td colspan="3">其他人员____个</td></tr>
<tr><td colspan="2">____人员____个</td><td colspan="2">合计</td><td>____个</td></tr>
<tr><td colspan="5"></td></tr>
<tr><td>主要施工机械名称及运转情况</td><td colspan="5"></td></tr>
<tr><td>主要材料进场与使用情况</td><td colspan="5"></td></tr>
<tr><td>施工单位提出的问题</td><td colspan="5"></td></tr>
<tr><td>施工过程情况</td><td colspan="5"></td></tr>
<tr><td>曾对施工单位下达的指令或答复</td><td colspan="5"></td></tr>
<tr><td colspan="6">值班监理员:(签名)____________________现场施工单位代表:(签名)________</td></tr>
</table>

说明:本表按月装订成册。

JL30

监理巡视记录

（监理[ ]巡视 号）

合同名称： 合同编号：

<table>
<tr><td>巡视范围</td><td></td></tr>
<tr><td>巡视情况</td><td></td></tr>
<tr><td>发现问题及
处理意见</td><td></td></tr>
<tr><td colspan="2">巡视人:(签名)
日 期: 年 月 日</td></tr>
</table>

说明:本表按月装订成册。

JL31

监理日记

（监理[　　　　]日记　　号）

合同名称：　　　　　　　　　　　　　　　　　合同编号：

星期：	天气：	最高温度：	最低温度：	风力：
人员、材料、 施工设备动态				
主要施工内容				
存在的问题				
施工单位处理意见及 处理措施、处理效果				
监理机构签发的 意见、通知				
会议情况				
项目承担单位 （项目法人） 的要求或决定				
其他				
记录人：（签名） 日　期：　　　年　　月　　日		责任监理工程师：（签名） 日　期：　　　年　　月　　日		

说明：本表按月装订成册。

JL32

监 理 日 志

（监理[　　　　　]日志　　号）

工程名称：

合同编号：

项目承担单位（项目法人）：

施工单位：

监理机构：（全称及盖章）

总监理工程师：（签名）

监理日志

（监理[　　　　]日志　　号）

填写人：　　　　　　　　　　　　　　　　　　　　　　　日　期：　　　年　　月　　日

星期：	天气：	最高温度：	最低温度：	风力：
施工部位、 施工内容、 施工形象				
施工质量检验、 安全作业情况				
施工作业中存在的 问题及处理情况				
施工单位的 管理人员及 主要技术人员 到位情况				
施工机械投入运行 和设备完好情况				
其他				

说明：本表由监理机构指定专人填写，按月装订成册。

JL33

监理发文登记表

（监理[　　　　]监发　　号）

合同名称：　　　　　　　　　　　　　　　　合同编号：

序号	文件名称	文号	发文时间	签发人	收文时间	签收人
1						
2						
3						
4						
5						
6						
7						
8						
9						
10						

填报人	（签名）	填报日期	年　　月　　日

说明：本表报总监理工程师 1 份，存档 1 份。

JL34

监理收文登记表

（监理[　　　　]监收　　号）

合同名称：　　　　　　　　　　　　　　　　　　合同编号：

序号	发文单位	文件名称	文号	发文时间	收文时间	文件处理责任人	处理记录		
							文号	回文时间	处理内容
1									
2									
3									
4									
5									
6									
7									
8									
9									
10									

填报人	（签名）	填报日期	年　月　日

说明：本表报总监理工程师 1 份，存档 1 份。

JL35

会议纪要

（监理[　　　　]纪要　　号）

合同名称：　　　　　　　　　　　　　　　　　　合同编号：

会议名称			
会议时间		会议地点	
会议主要议题			
组织单位		主持人	
参加单位	1. 2. 3.		
主要参加人员（签名）			
会议主要内容及结论	监 理 机 构：（盖章） 总监理工程师：（签名） 日　　期：　　年　　月　　日		

说明：本表由监理机构填写；参加会议人员签字附表后；全文记录可加附页；与会单位各1份。

JL36

监理机构联系单

（监理[　　　　]联系　　号）

合同名称：　　　　　　　　　　　　　　　　　　　　合同编号：

<table>
<tr><td>致：

事由：

附件：

监 理 机 构：(盖章)
总监理工程师：(签名)
日　　期：　　年　月　日</td></tr>
<tr><td>

被联系单位签收人：(签名)
日　期：　　年　月　日</td></tr>
</table>

说明：本表作为监理机构与项目承担单位（项目法人）、施工单位等单位联系时用。

JL37

监理机构备忘录

（监理[　　　　]备忘　　号）

合同名称：　　　　　　　　　　　　　　　　　　合同编号：

致：

事由：

附件：

监 理 机 构：(盖章)

总监理工程师：(签名)

日　　期：　　年　　月　　日

说明：本表用于监理机构就有关建议未被项目承担单位(项目法人)采纳或有关指令未被施工单位执行的最终书面说明。

本规程用词说明

执行本规程时，标准用词应遵守下表规定。

标准用词说明

规程用词	在特殊情况下的等效表述	要求严格程度
应	有必要、要求、要、只有……才允许	要求
不应	不允许、不许可、不要、不得、禁止	
宜	推荐、建议	推荐
不宜	不推荐、不建议	
可	允许、许可、准许	允许
不必	不需要、不要求